基于数字孪生的工程预制构件智能生产调度与管理

姜仁贵　朱记伟　王春燕　卫星凯　王灵子　著

中国水利水电出版社
www.waterpub.com.cn

·北京·

内 容 提 要

针对工程预制构件传统生产方式效率低、能耗大和管理粗放等问题，本书将数字孪生、智能算法和人工智能等应用到预制构件生产和管理中。本书采用数字孪生技术搭建了预制构件自动化生产线及其数字孪生模型，基于系统布局规划理论和智能算法实现预制构件生产车间空间布局优化，采用可视化仿真软件开展预制构件生产车间布局仿真与调度，设计并研发了预制构件生产车间协同管理系统，建立了预制构件生产车间协同管理体系，有助于提高预制构件生产和管理效率，为推进建筑工业化、数字化、智能化升级提供理论参考和技术支撑。

本书可作为高等院校和科研院所教师、科研人员和研究生的参考书，也可为从事工程管理、土木水利、智能建造等研究的技术人员提供参考。

图书在版编目（CIP）数据

基于数字孪生的工程预制构件智能生产调度与管理 /
姜仁贵等著. -- 北京：中国水利水电出版社，2024.3
ISBN 978-7-5226-1987-3

Ⅰ.①基… Ⅱ.①姜… Ⅲ.①预制结构-装配式构件
-生产管理 Ⅳ.①TU3

中国国家版本馆CIP数据核字(2023)第251970号

书　　　名	基于数字孪生的工程预制构件智能生产调度与管理 JIYU SHUZI LUANSHENG DE GONGCHENG YUZHI GOUJIAN ZHINENG SHENGCHAN DIAODU YU GUANLI
作　　　者	姜仁贵　朱记伟　王春燕　卫星凯　王灵子　著
出 版 发 行	中国水利水电出版社 （北京市海淀区玉渊潭南路1号D座　100038） 网址：www.waterpub.com.cn E-mail：sales@mwr.gov.cn 电话：(010) 68545888（营销中心）
经　　　售	北京科水图书销售有限公司 电话：(010) 68545874、63202643 全国各地新华书店和相关出版物销售网点
排　　　版	中国水利水电出版社微机排版中心
印　　　刷	天津嘉恒印务有限公司
规　　　格	184mm×260mm　16开本　11.75印张　286千字
版　　　次	2024年3月第1版　2024年3月第1次印刷
定　　　价	**78.00元**

预制构件通常指以钢材、混凝土等为基本材料，在工厂或者车间进行预先加工制成各种形状、规格、尺寸的构件，因其具备结构性能良好、施工速度快、规范程度高、适用于大批量生产等优点，目前已被广泛应用到建筑、土木、水利、机电等建设工程领域。预制构件传统生产方式仍然存在效率低、能耗大而难以满足现代化建设工程的要求，随着数字孪生、人工智能、大数据等现代信息技术的快速发展及推广应用，预制构件逐步由传统生产方式向智能化生产方式转变。综合应用多种现代信息技术搭建预制构件自动化生产线，实现预制构件快速批量生产，提高构件质量的同时提升工程效率，有效地缩短生产工期。2022年1月，为指导和促进"十四五"时期建筑业高质量发展，住房和城乡建设部组织编制并印发了《"十四五"建筑业发展规划》，确定了建设世界建造强国的2035年远景目标，以及"十四五"时期建筑工业化、数字化、智能化水平大幅提升的发展目标，明确了七个方面的主要任务，要求加快智能建造与新型建筑工业化协同发展，为工程预制构件智能生产和协同管理提供很好的政策保障。随着预制构件的飞速发展，预制构件生产线在生产过程中存在的不平衡问题逐渐显露，预制构件生产线空间布局决定了物料流动的方向和速率，进一步影响构件生产成本及速度，因此预制构件生产车间的空间布局优化问题成为研究重点。同时，传统的管理方法难以实现预制构件生产过程中各项资源的最优化利用，如何依托互联网平台提高预制构件生产线生产效率、加强生产车间协同管理并进一步提高管理效率，业已成为企业关注重点。

本书受到西安市科技计划项目（2023JH－GXRC－0106）、西安理工大学省部共建西北旱区生态水利国家重点实验室出版基金、中铁十二局集团有限公司委托项目部分资助。本书采用数字孪生等技术对预制构件自动化生产线进行设计，建立预制构件自动化生产线三维可视化模型，基于系统布局规划理论和遗传算法实现预制构件生产车间空间布局优化，采用可视化仿真软件开展预制构件生产车间布局仿真与调度，设计并研发预制构件自动化生产车间协同管理系统，提出预制构件生产车间协同管理体系，提高预制构件生产和管理效率，为预制构件智能生产和智慧管理提供强有力支撑，具有重要意义。

本书分为 8 章。第 1 章概述了本书研究背景，综述了预制构件智能生产与协同管理研究进展，阐述了本书研究内容和框架。第 2 章基于生产线平衡理论设计预制构件自动化生产线总体设计，主要包括预制构件生产线运行流程及布局设计。第 3 章通过 Plant Simulation 软件建立预制构件自动化生产线仿真模型，基于模型对生产线进行优化分析。第 4 章采用系统布置设计方法对预制构件生产车间空间布局进行设计，采用 SLP 方法对生产线的物流关系进行分析，确定生产线不同作业单元之间的综合相关关系，采用遗传算法对其进行优化得到预制构件空间布局优化方案。第 5 章采用 Arena 软件对预制构件生产车间的布局方案进行了情景模拟仿真，基于遗传算法对生产线进行调度，得到最优关键布局和排产方案。第 6 章遵循面向服务架构，采用数字孪生、可视仿真和PLC 控制等技术设计并研发了预制构件生产车间协同管理系统，基于系统提供综合展示、系统信息、生产信息和协同管理等主题服务。第 7 章建立了预制构件生产车间协同管理体系，从信息、人员和材料管理等八个方面实现对预制构件生产车间协同管理。第 8 章对本书研究工作进行总结与展望。

本书由西安理工大学姜仁贵、朱记伟、王灵子，西安热工研究院有限公司王春燕，中铁十二局集团第一工程有限公司卫星凯主笔，研究生潘婷、刘新怡、王思敏、刘元燕、李弈璇、于诗蕾、张佳、毛颖、杨昌鸿等参与了书中相关章节。感谢西安理工大学解建仓教授、党发宁教授、安少亮副教授、陈莉静副教授，中铁十二局集团有限公司张国红正高、钱传顶高工、唐华高工，南昌工程学院任长江博士等对本书研究工作中给予的帮助以及关键问题上给予的意见和建议。在此，谨向他（她）们表示最诚挚的感谢。

由于工程预制构件应用领域广，生产和管理过程中存在诸多不确定性，加之作者时间和水平有限，书中难免存在疏漏与不足之处，敬请读者批评指正。

作者

2024 年 2 月

目　录

第 1 章

绪　　论

近年来，为了克服传统建设工程建设周期长、生产效率低、质量参差不齐等弊端，装配式建筑逐渐成为建筑业主流，为预制构件的发展带来机遇和广阔市场前景。随着建筑行业信息化水平的提升，预制构件由传统人工和粗放的生产方式向数字化、自动化和智能化生产转变，构件生产场所也逐渐由室外向车间转移。预制构件生产过程中，构件生产线仿真、生产车间优化和调度、协同管理等关键问题亟须解决。通过将数字孪生、优化仿真、智能算法等应用到预制构件生产中，对于提高构件生产及管理效率具有重要意义。

1.1　研究背景与意义

针对预制构件生产及管理关键问题，主要从数字孪生技术应用、预制构件应用、预制构件生产优化与管理四个方面提出研究背景。

1.1.1　数字孪生技术应用

数字孪生技术最早被应用于航天器的建模和仿真，萌芽阶段以模型仿真驱动为主，现在主要以模型、感知、位置、算法、交互、仿真驱动等技术驱动为特征，其发展过程反映了大数据、互联网、人工智能和云计算等信息技术不断发展与融合的过程。随着现代信息技术的发展，工业 4.0 时代为传统行业带来了巨大变革，目前数字孪生技术已经逐渐应用于制造、建造、土木、水利、电力等诸多领域[1]。

2021 年 3 月，国家"十四五"规划纲要提出探索建设数字孪生城市，为数字孪生城市提供指导，主要涵盖总体规划、信息技术、工业生产、建筑工程、水利应急、综合交通、标准构建、能源安全、城市发展等领域，数字孪生技术的出现及其迅速发展为上述领域发展提供了新的技术手段。2021 年 12 月，工业和信息化部、国家发展和改革委员会等 8 个部门联合发布《"十四五"智能制造发展规划》，提出推动数字孪生、人工智能等新技术的创新应用，研制一批国际先进的新型智能制造装备。2021 年水利部首次提出"数字孪生流域"，并召开推进数字孪生流域建设工作会议；2022 年 7 月，水利部完成"十四五"七大江河数字孪生流域建设方案，积极推进数字孪生技术在水利行业的应用。2022 年 12 月，中国工程院发布了《全球工程前沿 2022》，将数字孪生仿真系统列入了工程管理领域的研究前沿[2]，受到了国家相关部门和专家学者的广泛关注。

　　数字孪生利用数字化技术构建物理系统的多维度、多学科、多物理量的虚拟模型，采用人工智能、大数据、传感技术、物联网技术等技术对物理系统进行模拟仿真，并将实时数据传输给物理系统建设，运维过程中，物理实体-虚拟模型继续进行信息交互，打破信息壁垒[3]。通过实体对象的数字化、智能化，数字孪生技术可以大幅提升传统行业的设计、运营、管理效率，降低现场加工试验成本等[4]。数字孪生技术因其广阔的应用前景领域，已经成为国内外热点。在建筑领域，北京大兴国际机场项目在建设过程中，采用数字孪生技术辅助机场的设计、施工和运营管理。在水利领域，以数字孪生技术为基础，创建了可视化的黄河流域数字孪生模型，为黄河流域的管理及保护提供技术支撑[5]。此外，数字孪生技术在航空航天模拟、建筑环境模拟、灾害模拟预测、大型电厂优化等诸多领域得到应用。

1.1.2　预制构件应用

　　预制构件是指在工厂或现场按照设计规格预先加工而成的构件，具有优异的性能。传统预制构件的材料主要包括混凝土、钢材、钢筋等，常用预制构件主要包括楼板、剪力墙板、外挂墙板、框架墙板、梁、柱、复合构件和其他构件，主要应用于建设工程项目。图 1-1 所示预制混凝土砌块由水泥、粗骨料、细骨料、外加剂和水拌和，采用特制模具成型的砌体构件，是国内较为常见的一种墙体砌筑及承重材料。图 1-2 所示为常见的预制栏杆，包括铝合金预制栏杆、钢铁预制栏杆、PVC 预制栏杆等。近年来随着高性能混凝土、玻璃纤维增强混凝土等新材料的出现，预制构件性能和应用范围显著提升，并广泛应用于建筑、土木、水利、机电等建设工程领域。

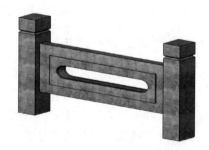

图 1-1　预制混凝土砌块　　　　　　　　　　图 1-2　预制栏杆

　　预制构件在生产过程中能对温度及湿度等因素合理地控制和管理,从而保障构件质量。预制构件不易受到环境因素的影响,具有尺寸标准、外表美观、表面平整等特点。预制构件自动化生产线能够对构件进行大批量的生产,效率得到极大提升。近年来我国建筑行业发展迅速,装配式建筑和产业化住宅已经成为我国建筑业重要组成部分,政府部门相继出台了提高装配式建筑占比、减免建设规费等政策。在新的科技发展和产业变化中,传统建筑业施工逐渐向装配式转变。装配式建筑由预制构件装配而成,能够克服传统建筑建设周期长、效率不高、质量参差不齐等弊端[6]。近年来,国家政策积极推动装配式建筑产业的发展,2022年1月出台的《"十四五"建筑业发展规划》中明确提出:2035年装配式建筑在新建建筑中的占比达到30%以上[7]。

　　例如,在水利工程领域,预制壁体桩、预应力板桩、装配式护岸、输水排水构件等预制构件得到广泛应用。根据现场实际情况调整预制构件的配合比,生产不同强度等级的预制构件,以满足不同条件下抗渗性、抗冻性、耐腐蚀性等要求。水利建设项目施工前期通常在枯水期,对工期要求较高,装配式预制构件能有效提高施工效率。例如,将预制的六棱块(见图1-3)混凝土板用于边坡防护,能够取得良好的防护效果,既加快施工进度又节约成本,同时提高了工程施工的安全系数。引江济淮工程是国务院要求加快建设的172项重大节水供水工程之一,为了满足岸坡长期稳定的需求,根据沿线边坡的土体性质采用不同的护坡结构形式,采用孔隙率约30%的混凝土预制体和大框架结构等来减轻波浪对船体下部的冲击[8]。当前河道治理中生态保护意识的不断增强,使得装配式技术的优势凸显出来,预制混凝土构件可以应用到地质灾害频发区域的挡土墙(见图1-4)中,减少山体滑坡、泥石流等自然灾害,保障群众生命和财产安全。

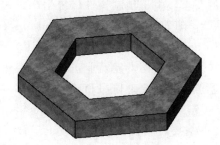　　　　　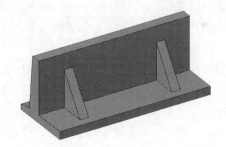

图1-3　预制六棱块　　　　　　　图1-4　预制挡土墙

　　在市政工程领域,预制构件可用于桥梁、排水设施和综合管线地下走廊等,目前装配化建造技术在市政管廊工程中的应用较为广泛。我国市政桥梁工程中也大面积应用装配化建造全过程技术,桥梁上部结构采用预制方式起步较早,预制空心板、预制T型梁(见图1-5)、预制小箱梁等在桥梁工程中应用比较多,预制梁之间一般通过现浇湿接缝连接。例如,2022年建成的福建翔安大桥,是继港珠澳大桥之后中国内地第二座预制装配化跨海大桥。地面排水设施中的预制构件主要为道路两侧的排水沟盖板(见图1-6),盖板可预制为具有不同纹路的样式,并且可设置格栅口,被广泛用于景观、园林建设。2023年中建七局西南建设有限责任公司在重庆市建设了全国首例新森大道装配式隧道,与传统现浇隧道结构相比,装配式隧道能保证结构工程质量、提高现场施工效率,减缓施工过程中所带来的环境问题、减少劳动投入。在轨道交通工程中，2016 年 7 月长春市在地铁二号线袁家店站、西兴站等车站采用了装配式建造技术。上海市诸光路隧道工程采用全预制拼装技术，隧道内部除了预制构件两侧的填充、上层预制车道板两侧的后浇带及下层基层采用现浇施工，隧道内的其他结构都采用预制装配式，其预制率高于 90%。在公路工程中，预制混凝土板、预制护栏和预制路面板等构件得到了广泛应用，以预制路面板为例，具有容易安装和拆除、重复利用等优点[9]。

图 1-5　预制 T 型梁

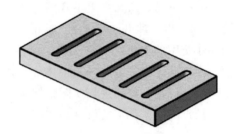

图 1-6　预制排水沟盖板

1.1.3　预制构件生产优化

近年来，为了克服传统建筑建设周期长、生产效率偏低、工程质量参差不齐等弊端，装配式建筑逐渐成为建筑业主要发展趋势，给预制构件的生产带来了广阔的市场前景。随着数字化、信息化和智能化及其相关技术的不断发展，建设工程建造经历了数字化建造、信息化建造阶段，并向智能建造和智慧建造阶段发展，"智慧城市""智慧工地""新基建"等概念相继提出，对预制构件的智能生产提出新的要求。由于预制构件传统生产方式效率偏低、能耗较大且较难以满足现代工程建设的要求，随着建筑信息模型（Building Information Modeling，BIM）、无线射频识别（Radio Frequency Identification，RFID）、传感器、物联网等信息技术在建设工程领域的快速发展及广泛应用，建筑业正在向数字化、信息化和智能化时代发展，预制构件的智能化生产显得尤为重要。住房和城乡建设部多次发布相关意见、发展纲要和规划，为建筑业和装配式建筑的发展提供指导。2016 年，住房和城乡建设部在《2016—2020 年建筑业信息化发展纲要》中提出，要在"十三五"期间全面提高建筑业信息化水平；同年 11 月，在上海举行的预制构件工厂建设及运营管控研讨会上，专家学者就"如何更好地建立一个先进、高效的现代化装配式建筑工厂"关键问题进行研讨。《中国建筑施工行业信息化发展报告（2017）——智慧工地应用与发展》中指出，要通过云计算、物联网、人工智能、BIM 等现代信息技术与建造技术的深度融合，打造智慧工地。2020 年，住房和城乡建设部在《关于推动智能建造与建筑工业化协同发展的指导意见》中指出要"加快打造建筑产业互联网平台，推广应用钢结构构件智能制造生产线和预制混凝土构件智能生产线"。建筑行业不仅对预制构件的生产效率提出了更高的标准，而且对构件质量及相应的生产管理提出了更进一步的要求。

我国为加快推进智能建造进程，开展了智能制造综合标准化体系建设研究工作，并在建设工程项目中推广应用预制构件智能生产线。预制构件是建筑工业化发展的产物，预制构件生产线的发展经历了一个循序渐进的过程。预制构件初期的生产方式主要为人工，费时费力且质量难以管控，随着机械化和制造水平的提升，新型设备不断出现，人工生产迅速被机械和自动生产代替，预制构件生产线自动化水平明显提高，降低了劳动强度，提高了生产效率。随着自动控制、人工智能等技术的发展日新月异，预制构件生产线进入高度自动化阶段，通过提高设备的集成度，提高生产线各个工艺流程的生产效率。据《2020—2026年中国PC构件行业市场发展现状调研与投资趋势前景分析报告》预测，2025年我国混凝土预制构件市场将达到千亿规模。为了满足预制构件未来巨大的市场需求，如何进一步提高预制构件生产线的自动化生产效率和管理水平已成为当前各企业关注的重点。

影响预制构件生产线效率的主要因素包括空间布局设计、生产线平衡、生产调度、库存策略等，其中，生产线的空间布局决定了物流的方向和速率，很大程度上影响生产线成本及速度。据统计，构件生产过程中材料搬运的费用最多可占到总费用的一半，合理的空间布局可以很大程度上降低成本[10]，因此预制构件生产线空间合理布局是生产线优化调度与高效生产的首要问题。传统的生产线系统布置方法很大程度上依赖设计者的管理水平，容易造成物流不畅、浪费较多、效率低下等问题，已经不适应于当前激烈的市场竞争，因此如何运用科学的理论指导以及系统的布置方法来进行生产线布局设计尤为重要。设备的更替、技术的革新以及产品需求的不断变化，使得生产线的空间布局需要进行动态调整与更新，因此以往固定的生产线空间布局已不能满足当前生产需求。采用现代信息技术快速构建多种布局方案，采用智能算法对不同方案进行优化和调度，确定最优的空间布局方案，因此如何利用现代信息技术和智能算法辅助预制构件生产线布局优化调度也成为当前研究热点[11]。

1.1.4 预制构件管理

2022年1月，为指导和促进"十四五"时期建筑业高质量发展，根据《中华人民共和国国民经济和社会发展第十四个五年规划和2035年远景目标纲要》，住房和城乡建设部组织编制并印发了《"十四五"建筑业发展规划》，该规划明确了2035年我国建筑业远景目标和"十四五"时期发展目标，提出了加快智能建造与新型建筑工业化协同发展、健全建筑市场运行机制、完善工程建设组织模式、培育建筑产业工人队伍、完善工程质量安全保障体系、稳步提升工程抗震防灾能力和加快建筑业"走出去"步伐七个方面的主要任务，其中，在第一个主要任务中明确要求完善智能建造政策和产业体系、夯实标准化和数字化基础、推广数字化协同设计、大力发展装配式建筑、打造建筑产业互联网平台、加快建筑机器人研发和应用，为预制构件智能生产和协同管理的进一步推广应用提供了很好的政策保障。

目前针对预制构件生产管理的研究越来越多，但较少将协同管理思想引入到预制构件生产管理模式中。针对预制构件生产过程及其管理特点，引入协同管理的思想实现对预制过程、生产过程和车间的全过程管理。传统的管理方法经常出现多主体沟通不畅、数据来源不一或者数据孤岛等问题，资源的高效利用、构件生产的效率等难以得到保障。管理各参与方、不同应用系统之间存在数据壁垒，从而造成信息错漏、传输耗时等问题。采用数字孪生和可视化模拟仿真等技术，通过设计和研发预制构件生产协同管理系统，基于系统将数据、人员和流程整合到一起，实行"先虚拟、再实体"，通过计算、模拟、比选及优化预制构件生产的整个过程[12]。通过系统可视化管控构件生产进度，动态监控构件生产数据，快速识别生产过程中出现的问题，提升预制构件生产管理水平，降低管理成本，有效发挥预制构件智能生产优势。

1.1.5　研究意义

本书通过将数字孪生等信息技术综合集成应用，深入探讨预制构件生产协同管理理论，促进工程科学、信息科学、管理科学在预制构件规划、生产控制和流程再造等领域的交叉融合，推动数字孪生技术在建设工程领域的发展与应用。预制构件生产和管理过程中存在占地面积大、养护要求高等问题，引入数字孪生等现代信息技术，建立预制构件生产线仿真模型、空间布局优化和调度模型，实现预制构件生产线的物理－虚拟交互，指导生产线生产，提高预制构件生产效率。综合集成多种信息技术研发预制构件协同管理系统，促进数字孪生技术和预制构件生产、管理的深度融合。从管理角度入手，建立包含信息、人员、材料、设备、质量、进度、安全及环境在内，全方位、多角度、全过程的预制构件协同管理体系，为预制构件生产管理提供便捷高效的服务，提高管理和决策水平。

基于预制构件生产线实体建立生产线三维仿真模型，结合生产线平衡理论对生产线进行分析，识别制约生产的瓶颈工位，提出生产线优化方案。尽管国内外对于生产线的布局设计已有较多研究，但是针对预制构件生产线布局设计相关的理论和技术相对较少。本书采用系统布置设计（System Layout Planning，SLP）方法和遗传算法（Genetic Algorithm，GA）进行预制构件生产线布局方案设计，基于仿真软件对布局方案进行验证，通过定量与定性相结合的方法识别方案中存在的问题，通过对其进行调整确定合理布局方案。搭建预制构件生产车间协同管理系统并建立预制构件生产协同管理体系，通过有机整合历史数据、动态监测和模拟仿真等数据，预测设备或生产系统的利用情况、寿命健康状况及任务进度，针对生产线存在的问题提出解决方案，提高管理效率。

1.2　国内外研究现状

针对预制构件生产与管理关键问题，从预制构件自动化生产、预制构件车间布局优化、预制构件生产调度仿真、预制构件生产协同管理四个方面对其国内外研究现状进行综述。

1.2.1　预制构件自动化生产

预制构件生产线的发展经历了一个循序渐进的过程，由初期的人工制造为主，随着机械制造技术的发展产生的半自动化阶段，再到计算机技术、自动控制、人工智能等技术发展产生的高度自动化阶段[13]。预制构件自动化生产线指由一系列自动化设备连接形成的，能够实现预制构件生产的一种组织形式，它是基于循环流水线逐渐发展形成的，其特点是生产原材料随生产线由生产设备自动传送到下一生产设备，经过不同设备的加工、养护、检验、装卸等工序，最终形成合格的构件，不同设备按照一定的生产工艺及流程自动运转，生产过程高效且连续性好。

国外装配式建筑起步相对较早，预制构件生产线也较为成熟。1934 年，美国建立了世界上第一条自动化组合机床生产线，为自动化生产线的发展提供了很好参考[14]。随着自动化生产线的发展，生产线控制系统性能得到很大提升，从原先单一的加工模式逐渐发展到集成制造、多样化和智能化的生产方式。例如，德国在预制构件自动化生产线方面表现突出，涌现出一批颇具影响力的公司，Ebawe 公司研制的预制构件生产设备出口到全球多个国家，占据了很大的市场份额。该公司面向不同应用需求研制全自动预制构件生产线，这些全自动预制构件生产线除原材料的搬运外，其余工序均可以通过机械完成，同时还配备管理系统，能够实现预制构件智能化管理[15]；Vollert 公司是全球预制混凝土生产领先专家，研制了全球第一套用于混凝土预制构件工厂的托盘旋转设备[17]。芬兰的 Eelmatic 公司研制了 Acotec 墙板全自动化生产线，致力于为用户提供全套的预制构件生产方案。经过几十年的发展，国外部分国家的预制构件生产线已经从工艺环节的自动化进入全自动化水平，并且开始向环保化、柔性化方向发展。我国的预制构件生产线虽然起步相对较晚，但发展迅速。随着工业化和信息化的快速发展与融合，通过投入科技研发力量和培养创新人才，工业化、信息化和自动化水平得到很大程度上提升，推动了信息化和自动化技术在我国建设工程领域中的应用。三一筑工是一家建筑工业化高科技平台型公司，致力于"把建筑工业化"，为行业提供一流工程机械产品和完善的成套解决方案，通过将工业4.0 深度应用于数字化工程，建筑设计模型直接驱动智能设备生产，实现预制构件全生命周期管理。提出了装配式混凝土建筑生产线 SPCS 系统，研制了空腔墙数字生产线、模块化生产线、立体钢筋生产线等预制构件自动化生产线。沈阳的万融公司是一家典型的装配式建筑企业，致力于新型装配式结构体系的技术和产品研发[16]。

国内外诸多专家学者针对预制构件生产线理论与方法开展研究，主要集中在生产设备、控制系统、生产线优化等方面。Wrobel 等（2021）[17] 介绍了符合工业 4.0 理念的新一代自动化生产线的设计研究，界定了这类生产线要遵循的技术要求，提出了生产线各生产模块间的信息交换方案。Wei（2019）[18] 提出了智能工厂概念，确定了智能工厂的架构及构建路径，通过将工业物联网的无线传感器网络和射频识别技术应用于制造业，实时跟踪和监控车间的设备及生产状态，并对系统性能的有效性进行了验证。Tang 等（2021）[19] 基于可编程逻辑控制器（Programmable Logic Controller，PLC）的链路网络通信方法，提出了一种改进的 PLC 通信程序设计方法，研制了自动生产线的控制系统并取得了良好的效果，证明了该设计方法在应用上具有较高的可靠性、稳定性和可扩展性。在生产设备方面，赵承芳（2013）[20] 和韩彦军等（2013）[21] 对自动养护设备进行了优化设计，前者采用 ExSpect 软件进行仿真分析，建立了可视化的立体养护设备物流系统，后者采用 ANSYS 软件对自动养护堆垛机的结构进行优化，使其更好地满足设计要求。在控制系统方面，冯建文（2013）[22] 设计了划线机自动编程系统，建立了预制构件分类编码系统等，提出了数控模具划线机控制代码生成方法。于璇（2014）[13] 基于 LabVIEW 建立了预制构件自动化生产线动态监控系统，采用 ExSpect 软件对生产线的物流系统进行了仿真和分析。孙红等（2015）[23] 依据生产流程对大型智能预制构件自动化生产线中的各项生产设备进行剖析，指出其具有加工效率高、扩展性强和协调性好等优点。路阳（2015）[24] 根据预制构件车间的设计要求，对基于自动化技术的生产线控制系统进行了架构设计及功能划分，并给出了几种主要控制功能的具体实现方法。在生产线优化方面，潘寒等（2018）[25] 提出了一种改进的遗传算法，对预制构件生产线的各项工序进行排产优化，实现构件高效生产的目标。陈浩（2019）[26] 基于多方案比选，通过消除瓶颈工序、平衡生产节拍等方法提出了三种生产线优化方案，并利用 Anylogic 软件进行模拟仿真，为提高生产线效率提供参考。吴家龙等（2019）[27] 设计了一条由 PLC 控制的自动化生产线，实现了生产线与控制系统之间的信息交互，提高了生产线的管理及生产效率。随着信息技术的创新发展，建造产业结构不断优化升级，为智能建造和自动化生产提供了良好的发展环境[28]。周良明等（2020）[29] 针对生产过程中生产效率低、周期长及成本高等问题，提出了一种柔性生产系统的设计方法，对工业转型及自动化发展有重要意义。刘锦涛（2020）[30] 通过对国内外生产线的控制技术进行分析研究，从控制、振捣、养护和周转四个部分设计了自动化流水生产线，实现生产线的全自动运行及系统的控制管理。

从上述文献分析可知，国外预制构件生产线的发展相对较为成熟，国内针对预制构件生产线的理论研究和应用发展迅速，且主要集中在生产设备的技术优化、生产线控制系统的开发与应用以及生产线排产与流程优化等方面，针对预制构件生产线空间布局设计、生产优化调度与协同管理等关键问题研究相对较少。

1.2.2　预制构件车间布局优化

早期预制构件生产线布局设计中，主要依靠设计者的经验水平和直观感受来进行规划与设计，这些经验与感受通常来源于摸索和工程实践。例如，通过将需要进行布局设计的对象按照一定比例制成样品，根据设计者的个人经验分析各作业单元之间的相互关系，然后不断调整样品位置，最终得到相对合理的布局方案。这种方法主观性较强，而且需要花费很多的时间，因此适用于作业单元较少且相互关系较为简单的布局设计。随着社会的发展和生产力水平的提高，预制构件车间布局问题迫切需要更加科学化、合理化、系统化的解决方法，目前解决生产线布局问题的方法主要包括：经典方法、数学模型法、计算机仿真和综合方法。

1.2.2.1　经典方法

经典方法主要包括 SLP 法和物料搬运分析（System Handing Analysis，SHA），这些方法将系统工程、系统分析等内容运用到布局设计中，实现车间布局的系统化与条理化。

Richard Muther 提出的 SLP 法使布局设计从定性阶段过渡到定量阶段，并在工业、制造业等多个领域得到了广泛应用[31]。王奕娇等（2017）[32] 在对实验室进行调查分析的基础上，利用 SLP 法对实验室进行了重新规划，并采用层次分析法进行方案比选从而确定出优选方案。李伟等（2019）[33] 利用 SLP 法对福州市某地铁施工场地进行了规划设计，并采用加权因素法对备选方案进行分析与评价，得出最优方案，提高企业施工效率，加强安全管理水平。赵敬源等（2020）[34] 将马尔科夫链引入传统的 SLP 法，运用灰色马尔科夫预测模型定量计算出西安港物流园区的物流量，有效弥补了传统方法无法对货运量进行定量分析的缺陷。总体来说，采用 SLP 法进行研究时，学者更多关注如何对得出的备选方案进行比选与评价，或者如何对 SLP 的某一环节进行改进使其更加科学化、合理化。随着研究和应用的不断深入，Richard Muther 进一步提出了物料搬运分析（SHA），该方法适用于与物料搬运相关的问题，具有较高的系统性、条理性和逻辑性。周小康等（2018）[35]、董舒豪等（2020）[36] 及张永强等（2021）[37] 采用 SLP 与 SHA 相结合的方法对不同的研究对象进行布局设计，这些研究对象包括轻卡离合器工厂、农机制造生产车间、林产品仓储等。从相关文献梳理中可以发现，单一的 SHA 方法研究较少，学者通常将 SHA 与 SLP 等方法结合使用以提高布局设计的合理性。

1.2.2.2 数学模型法

虽然 SLP 和 SHA 等经典方法促进了布局设计从定性向定量的转变，但其存在运算过程复杂、备选方案有限、受主观因素影响较大等缺点。为了弥补经典方法的不足，数学模型法逐渐被运用到布局设计中来。然而，数学模型在求解过程中仍然难度较大，因此智能算法逐渐被用于求解与布局设计相关的数学模型。徐双燕等（2012）[38] 总结了多目标动态车间布局问题的主要研究成果，指出布局设计常用算法，包括遗传算法、蚁群算法、模拟退火算法、禁忌搜索算法、粒子群算法等，并对这些算法适用性进行分析。

在解决布局设计问题的诸多算法中，遗传算法的研究和应用最为广泛。国外，Ficko 等（2004）[39]、Yang 等（2011）[40]、Giuseppe 等（2012）[41] 分别运用遗传算法解决了单行及多行、考虑成本效益、多目标不平等面积等不同类型的布局问题；国内，叶慕静等（2005）[42]、龚全胜等（2004）[43] 采用遗传算法来求解具体的布局方案。在智能算法的应用方面，李辉等（2014）[44] 提出了一种改进的混合蚁群算法，解决了空间布局动态规划问题；Matai R 等（2015）[45] 提出了一种求解多目标设备布局问题的改进模拟退火方法，减少布局设计过程对设计者经验水平的依赖；齐琳等（2017）[46] 采用云模型对粒子群算法进行了改进，求解电动汽车充电站的布局优化问题；王运龙等（2018）[47] 提出了一种改进的禁忌搜索算法来对船舶舱室进行智能布局设计，有效缩短了舱室布置设计的周期。由此可以看出：智能算法拓宽了预制构件布局设计的思路，使布局设计方法更加多样，布局设计结果更加合理。

1.2.2.3 计算机仿真

随着信息技术的飞速发展，计算机仿真技术逐步被应用到空间布局设计中，进一步提高了布局设计的效率与准确性。国内外学者应用较多的仿真软件主要包括 AutoMod、Plant Simulation、Arena、ShowFlow 等[48]。例如，康留涛（2012）[49] 采用 QUEST 软件对某采煤机生产车间进行建模，通过模拟仿真确定生产过程中的瓶颈工序，提出具体的优化措施。通过对比优化前后方案进行仿真，结果表明：优化方案能够很大程度地提高车间的管理水平。杨梅（2016）[50] 利用基于博弈论的混合算法对布局方案进行优化，并运用 Plant Simulation 软件对该方案进行模拟仿真，找出方案中存在的问题和缺陷，并提出调整设备数量、改变构件到达时间间隔和变更设备位置等改进建议。黎法豪（2016）[51] 分别采用产品原则、工艺原则、混合设施布局对某个新厂区进行布局设计，并利用 Flexsim 软件对其进行模拟仿真，最终确定最优的布局方案。

由此可以看出：计算机仿真技术在布局设计中的应用主要有以下几种形式：

1）仿真→分析→优化，即对现有布局方案进行仿真建模，通过对仿真数据进行分析找出瓶颈工序，并进行相应的调整与优化。

2）优化→仿真→分析→优化，即采用一定的方法和手段对研究对象进行初步的布局优化，再对新的方案进行模拟仿真，验证方案的可行性，同时找出进一步改进的方向。

3）优化→仿真→比选，即在采用其他方法和手段得出几种备择方案后，分别对各个备选方案进行仿真建模，通过分析仿真数据进行方案的比选与评价。

1.2.2.4　综合方法

在各类方法的发展过程中，许多学者逐渐开始将其进行组合运用，扬长补短，促进布局设计更加科学合理。目前主要的组合方法如下：

（1）SLP 法＋各类评价方法。传统的 SLP 法会在获得各作业单元之间综合相关关系的基础上，绘制出位置相关图，进而生成几种符合条件的布局方案，最后运用各类评价方法对这些方案进行比选，确定最优方案。常用的设施布局方案评价方法主要包括加权因素法、流量-距离分析法、成本比较法等，其中加权因素法又可以分为因素分析法、点评估法、权值分析法和 AHP 评估法[52]。例如，石鑫（2014）[53] 采用了加权因素法对各备选方案进行了分析，张梅等（2020）[54] 采用了熵权优化模型来进行方案比选。

（2）SLP 法＋智能算法。通过传统的 SLP 方法得出初步的布局设计方案，并在其基础上采用智能算法进行优化，得出最终的布局方案。这种组合方法有效弥补 SLP 法过于依赖设计者经验的缺点，使最终的布局方案更加合理。例如，邓兵等（2017）[55] 研究了 SLP 方法与遗传算法的结合使用，徐晓鸣等（2020）[56] 将粒子群算法引入了 SLP 方法等。

（3）智能算法＋仿真技术。结合实际的制约条件以及规划目标，建立布局设计问题的数学模型，通过各种智能算法对设施布局方案进行求解，再利用仿真技术验证方案的可行性。在此基础上根据仿真结果进一步分析方案中的改进方向，提出更加合理的优化方案。例如，黄冬梅（2012）[57] 构建了复杂制造车间布局设计问题的模型，并采用遗传算法进行初始方案的求解，最后通过 Plant Simulation 仿真软件验证方案的有效性。

从上述文献分析可知：多学科交叉发展促进了多种方法的综合与集成，经典方法、智能算法以及计算机仿真技术的综合应用成为当前预制构件空间布局设计与优化的热点。

1.2.3　预制构件生产调度仿真

虚拟仿真技术是利用虚拟系统对客观世界进行模拟的一项技术，具有集成化、虚拟化和仿真化的特点。随着计算机网络技术的发展，仿真技术逐渐成熟，且正逐步成为人类进一步认识世界的一种重要手段[58]。在虚拟仿真技术支持下，数字孪生目前的主要涉及车间建模、数据融合、交互协作和协同管理等服务[59]。虚拟仿真技术的发展与应用，极大地推动了科技进步，在航空航天、工业制造等领域的应用已取得显著成效。随着我国科技水平不断提高，虚拟仿真技术已经逐渐应用到多个领域，成为科技创新中重要组成部分。

国外虚拟仿真技术的研究和应用较早，目前已有较为成熟的产品和较为完善的体系，并且在实践中得到了广泛应用，主要集中在虚拟现实技术、虚拟现实产品的开发和应用方面。例如，Reinhart 等（2007）[60] 分析了虚拟调试的技术和经济可扩展性，提出了可拓展仿真环境概念，通过应用虚拟调试技术提供高质量软件系统，从而在生产过程中节省时间和成本。Fedorko 等（2018）[61] 采用计算机软件对工厂进行仿真建模，并对其物流过程进行模拟及监控，通过分析仿真结果找出生产中设备的使用不平衡问题，在此基础上提出优化设计方案。Hofmann 等（2017）[62] 提出了实现虚拟调试的一般策略，并通过 PDCA

循环管理模式进行扩展，通过将虚拟仿真技术应用到物流系统的开发过程中，缩短调试时间。Bansal 等（2020）[63] 采用数字孪生技术集成现有相关项目、环境、设计文档和其他来源的各种数据，协助设计，使用多个来源的数据进行评估，减少实际设计与预期设计之间的缺陷和不一致问题。Didem（2022）[64] 探索了数字孪生技术在基础建设领域的实现，提出了在系统设计、数据集成、数据呈现以及应用服务的实现方法。

国内研究主要集中在两个方面：一方面是基于计算机图形学的虚拟仿真技术，包括虚拟现实、增强可视化，能够使虚拟模型达到逼真的视觉和听觉效果，用米模拟现实世界[65]；另一方面是虚拟仿真技术在国防和军事领域中的应用，例如，利用虚拟现实技术模拟飞机的飞行过程等[66]。林利彬等（2020）[67] 基于虚拟仿真技术对生产线进行三维建模并优化，最终实现生产线快速设计的目的，缩短设计开发周期，降低成本。惠记庄等（2022）[68] 根据实际工程情况构建虚拟仿真系统，对施工过程进行模拟仿真，使用户通过系统实现对工程施工全过程的深入了解与信息交互，且该系统能够预测施工过程中所潜藏的风险并提出相应优化措施，从而提高生产安全性及智能化水平。赵晏林等（2021）[69] 对裁板锯工作岗位进行虚拟建模，并通过分析模型仿真结果对该岗位进行优化，使优化后人机交互更为顺畅，提高了生产效率，降低了工人的职业病发生率。李乃峥等（2022）[70] 通过仿真建模软件对生产线进行模型构建，不仅便于对生产工艺进行设计优化，同时能够降低成本、缩短开发周期和降低风险。仿真技术有其独特的优势，能模拟出产品在真实环境下的表现，不仅能满足企业对产品研发的需要，还能降低产品的研发成本，缩短研发周期；从技术层面来看，仿真技术还可以解决实验室难以解决的一些问题[71]。郭东升等（2018）[72] 通过将实际的车间制造过程与车间制造的数字孪生模型进行对比分析，通过模拟仿真和优化，有效提高了车间生产效率。

从上述文献分析可知：随着 BIM、物联网、虚拟现实、增强现实等技术的快速发展与融合应用，传统静态的数字模型将升级为可感知、动态在线、虚实交互的数字孪生模型，通过动态可交互的数字孪生模型开展预制构件生产调度仿真，是生产优化调度重要手段。

1.2.4　预制构件生产协同管理

协同管理是指企业内各部门之间、部门与外部单位之间通过共享信息、共享资源、协同作业而形成的一种新型管理模式。基于网络技术、计算机技术和现代通信技术，实现企业内部信息的有效共享和信息的快速传递，从而提高企业管理水平[73]。

BIM 技术自提出以来发展迅速，经过多年的发展，BIM 技术在诸多领域得到了广泛应用，在协同管理中得到应用[74]。例如，Vingh 等（2011）[75] 提出了一种基于 BIM 技术，以解决行业复杂项目多学科间的协同及数据交换为主要目标的多学科协作平台的理论框架。Li 等（2018）[76] 设计了基于物联网的 BIM 平台，以解决预制构件现场组装的实际问题。Bortolini（2019）[77] 构建了基于精益原则的现场物流规划和控制的 BIM 模型，在规划和控制现场物流时执行一系列管理任务，从而实现生产单位和物流运输单位的协同管理，为企业和车间管理提供参考。

我国学者对协同管理的研究主要集中在：协同管理的概念、机理、要素与基本框架，企业协同管理实践，企业组织协同管理机制与体系，企业协同管理过程与绩效等方面。在研究方法上，侧重于从企业外部环境及内部运作来研究企业间的协同问题，主要采用案例分析和实证研究方法。李芳等（2021）[78] 基于数字化技术构建协同管理平台，对项目进行分模块、分层次管理，从而提升企业的管理水平及效率。杨新等（2019）[79] 对 BIM 的正向设计流程进行分析，提出了管理平台架构，利用数据库技术对信息单独存储，并通过有机关联降低模型构建难度、提高设计效率，使模型与数据信息形成有机整体，从而实现对建设项目的一体化管理。马少雄等（2021）[80] 基于铁路隧道 BIM 模型，结合协同管理与集成化管理理念，设计并研发了数字化管理平台，基于平台对铁路隧道施工过程进行管理。宋战平等（2018）[81] 基于 BIM 全生命周期理论，从多维度提出集规划、设计、施工和运维四个阶段的协同管理平台，对施工进度、成本、质量、能耗等进行管理，以提高管理效率。

从上述文献分析可知：组织管理领域相继出现了系统管理、协同管理、和谐管理、生态系统管理等新的理论与方法，信息技术的飞速发展提供了新的管理模式和手段，通过将信息技术应用到建设工程项目中开展车间协同管理，可以很大程度提升构件生产车间管理水平，为企业管理提供了新的解决方案[82]。

1.3 研究目标、内容与技术路线

1.3.1 研究目标

随着建设工程项目对信息技术的重视程度越来越高，预制构件生产兼具建筑业和制造业的双重特点，将 BIM、物联网和数字孪生等技术应用到预制构件的生产与管理中，可以提高建设工程质量、降低构件生产人力成本、提升构件生产效率并践行绿色生产理念。

本书在对预制构件生产工艺及生产流程进行实地调研与实践的基础上设计了预制构件自动化生产线，基于 Plant Simulation 软件对生产线进行建模，采用数字孪生理论和技术构建预制构件生产车间数字孪生模型，针对生产中出现的生产不平衡问题进行分析和优化，进而构建出符合生产需求的生产线模型。采用 SLP 法和 GA 算法对预制构件生产线布局方案进行优化，利用仿真软件对优化前后的布局方案进行模拟仿真，通过各项仿真数据的对比来验证布局方案的优劣。采用数字孪生等技术综合集成应用，设计并研发预制构件生产车间协同管理系统，对生产线进行生产模拟并提供应用服务，改善预制构件自动化生产管理，提高预制构件生产及管理效率，增强企业竞争力[83]。

1.3.2 研究内容

本书主要研究内容如下：

（1）预制构件自动化生产线总体设计。以某实际工程预制构件生产线为研究对象，系统收集和整理生产线的工艺布局、关键技术及生产流程，采用平衡理论对生产线进行平衡分析，将大数据、云计算、人工智能等现代信息技术与预制构件生产深度融合，建立数字化、自动化和智能化的预制构件生产线，并对其关键技术进行设计，主要包括：预制构件自动化加工、自动化转运、自动化回流和智能管控等。

（2）预制构件自动化生产线仿真模型。基于 Plant Simulation 软件建立预制构件生产线仿真模型[84]，设置生产设备参数、输入生产数据、运行模型生产和可靠性验证与确认，最终得到和生产线实际情况相符合的数字孪生模型。通过模型模拟和分析结果确定瓶颈工位，识别生产线中存在的问题，从完善生产线流程、瓶颈工位等方面提出生产线优化策略。从预制构件生产线工位作业负荷状态、生产线平衡率和生产节拍三个方面对预制构件生产线优化效果进行评价[85]。

（3）预制构件生产车间空间布局优化。采用定性与定量相结合方法对预制构件生产线的布局现状进行分析，找出其存在的问题，并采用 SLP 方法对生产线进行物流关系与非物流关系分析，通过绘制位置相关图，设计备择布局方案。以物流强度最小化和综合关联度最大化为目标函数，以各项制约因素为约束条件，建立预制构件生产线布局数学模型，采用遗传算法对模型进行优化求解，将备择方案作为初始种群参与算法优化，通过调整得出预制构件生产线优化布局方案。

（4）预制构件生产车间空间布局仿真调度。基于 Arena 仿真软件分别建立优化前后的预制构件生产线空间布局模型，根据仿真结果从运输时间、等待时间、加工实体数及设备利用率四个方面对方案进行对比分析，验证优化布局方案的优劣。利用遗传算法对预制构件生产进行排产优化设计，降低由于生产设备利用率不足而导致的生产周期和加工成本浪费。

（5）预制构件智能生产协同管理系统。基于开源的信息管理系统基础框架，设计并研发预制构件生产协同管理系统，系统利用 RFID、BIM 等技术，可以实时收集、存储、处理和使用生产线的信息，并将这些信息与生产、运输、安装等环节联系起来，从而有效地控制预制构件的生产流程[86]。该系统的核心功能是动态收集构件的状态、时间以及位置等信息，并将这些数据经过处理后存储到指定数据库，经过数据分析，可以有效地指导预制构件生产、企业的规划、任务的执行以及解决出现的问题。

（6）预制构件智能生产协同管理体系。提出预制构件生产协同管理体系，基于该体系确定管理组织机构、制度和各方的具体职责，从信息管理、人员管理、材料管理、设备管理、质量管理、进度管理、安全管理和环境管理八个方面实现预制构件生产全过程协同管理。通过构建和完善全方位、多角度、全过程的预制构件生产协同管理体系，结合协同管理系统对构件生产线进行数字化、信息化和智能化的管理。

1.3.3 技术路线

结合建设工程领域对预制构件的需求，在系统梳理相关研究国内外现状基础上，确定本书研究目标、研究内容与技术路线。在对预制构件生产线进行现状分析的基础上，根据生产线平衡理论对预制构件自动化生产线结构进行设计；利用 Plant Simulation 软件构建生产线仿真模型，对模型优化效果进行评价；采用系统布置设计方法得出两种布局方案，通过遗传算法对其进行优化求解，确定最终的优化布局方案；利用 Arena 仿真软件对优化前后的布局方案进行对比分析，验证方案的优劣，并采用遗传算法对预制构件生产进行排产优化设计；搭建预制构件生产协同管理系统，结合车间协同管理体系，对预制构件生产线进行协同管理。

本书技术路线如图 1‐7 所示。

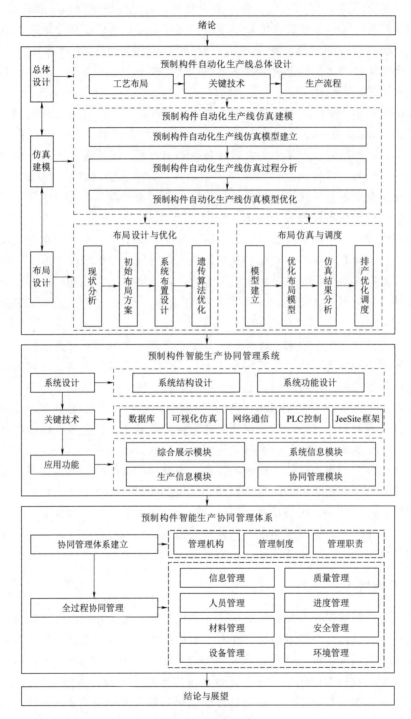

图 1‐7　技术路线

第 2 章

预制构件自动化生产线总体设计

本章基于生产线平衡理论，对预制构件自动化生产线运行流程和总体布局进行设计，对构件自动化加工、构件自动化转运、构件自动化回流和构件智能管控等关键技术进行分析。

2.1 生产线平衡理论

生产线平衡理论指根据生产线的实际情况，综合考虑预制构件自动化生产线各个工序时间关系，并通过优化和调整来提高生产效率。

2.1.1 基本概念

生产线平衡是对生产线的各个工序进行负荷分析，并通过调节工序的负荷，使得不同工序之间实现产能均衡、工作时间尽量接近，减少工序等候的时间，进而提升生产线的效率，减少预制构件成本。该过程中使各个工序产能均衡的过程是生产管理中重要的一项技术，是车间实现生产自动化、提高生产效率和降低成本的关键[87]。为了实现预制构件生产线工艺流程的平衡，车间管理人员通常采用工业工程（Industrial Engineering，IE）思想与方法，对流水线中各个工序进行协调[88]。

生产线平衡理论相关概念主要包括：

（1）工作站。工人按照工序在车间被划定的单元区间内开展工作，每个单元区间承担的任务存在差异，可以一人也可以多人参与。

（2）作业要素。一般用 i 表示，是指将一个构件的生产流程分解为不同模块，并将几个特定的操作模块结合在一起，实现一个完整的构件生产。

（3）作业时间。一般用 t_i 表示，是指工人在生产过程中完成一项工序的时间。

（4）节拍时间。一般用 TT 表示，是生产线运转中重要的指标，能较好地反映生产线的进度，帮助生产线管理人员对生产线进行调整。在给生产设备分配工作时，会考虑生产节拍长度。企业希望将构件的生命周期延长到最长，但外部环境变化会导致构件的生命周期、用户订单需求发生变化，影响构件的生产节拍，因此需要根据动态环境变化情况及时调整生产策略。

生产节拍（TT）定义如下：

$$生产节拍（TT）=\frac{每日总工作时间}{每日计划产量} \tag{2-1}$$

生产线实际生产能力与理论的比率用 OEE 表示，通过设备综合效率 OEE 也可计算生产节拍。

$$设备综合效率（OEE）=\frac{瓶颈工时（CT）}{生产节拍（TT）} \tag{2-2}$$

（5）瓶颈。在生产线中，瓶颈工序是整个生产过程中耗费时间最多的一道工序，与构件的产出频率有直接的联系[89]。因此，需要通过采取改良措施，优化生产线产能，以减少流程中的时间损耗。

（6）装配优先关系。由于预制构件的构造及技术要求，每一道装配作业都要按照一定次序进行。如果工序 a 为工序 b 的前置装配工序，那么 a 必须在 b 之前完成；而如果 a 紧接着 b，则 a 就是 b 的直接前装配工序，b 就是 a 的直接后装配工序。

（7）装配优化关系图。有向图能够明确表示构件的装配顺序，是工艺流程的简化展示。用式（2-3）表示：

$$G=(E,P) \tag{2-3}$$

式中：E 为装配工序的集合；P 为装配顺序的有向边集合。工序之间的有向箭头表示各工序组合的次序。图 2-1 为某装配工序优化关系。

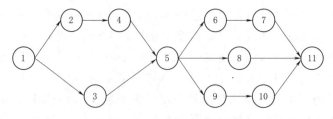

图 2-1　某装配工序优化关系

（8）装配优先矩阵。表示由关系图转化得到的装配顺序矩阵，如果装配工序数为 n，则优先矩阵为 n 维（0，1）方阵，用 P 表示。其中 P_{ij} 的值所代表的含义如下：

$$P_{ij} = \begin{cases} 1, \text{装配工序 } i \text{ 是装配工序 } j \text{ 的紧前装配工序} \\ 0, \text{装配工序 } i \text{ 是装配工序 } j \text{ 的紧前装配工序} \end{cases} \quad (2-4)$$

或者

$$P_{ij} = \begin{cases} 1, \text{装配工序 } j \text{ 是装配工序 } i \text{ 的紧前装配工序} \\ 0, \text{装配工序 } j \text{ 是装配工序 } i \text{ 的紧前装配工序} \end{cases} \quad (2-5)$$

优先矩阵与关系图都能提供装配顺序信息，但是二者的表示方法存在差异。关系图是一种图形化的展示方式，用来清晰地表示装配顺序，帮助人们更好地理解工序之间的联系。关联矩阵是一种对组装次序进行数学描述的方法，可以帮助人们更好地进行数学建模和算法编写。

2.1.2 评价指标

生产线平衡主要通过生产线平衡率（E）和生产线平衡损失率（d）两个指标进行评价。

（1）生产线平衡率。生产线平衡率是判断各工序作业时间是否平衡的指标，其计算公式为

$$E = \frac{W}{n \times CT} \times 100\% \quad (2-6)$$

式中：E 为生产线平衡率；W 为总作业时间；n 为工位数；CT 为瓶颈工序时间。

（2）生产线平衡损失率。生产线平衡损失率是反映生产线平衡损失的指标，评价结果见表 2-1，其与生产线平衡率之和为 1，其计算公式为

$$d = \frac{n \times CT - W}{n \times CT} \times 100\% \quad (2-7)$$

表 2-1 生 产 线 平 衡 评 价

平衡率	失衡率	评判结果	平衡评价
$E \geqslant 90\%$	$d \leqslant 10\%$	优	采用先进技术管理
$80\% \leqslant E < 90\%$	$10\% < d \leqslant 20\%$	良好	精益生产管理
$70\% \leqslant E < 80\%$	$20\% < d \leqslant 30\%$	一般	一般生产管理
$E < 70\%$	$d > 30\%$	差	无效落实生产管理

2.1.3 优化原则

随着工程实践，生产线平衡理论已逐渐成熟，其目的是使生产中的各个工序工作时间趋于平均，通过调节生产作业负荷，以缓解生产不平衡导致的时间浪费及生产过剩。

为了使生产线达到生产平衡，缩短设备的等待时间，需要测量生产过程中各工序的准确生产时间，并通过分析找出瓶颈工序。瓶颈工序是影响生产线生产效率的关键，只有通过一定方法和手段对瓶颈工序进行优化改善，对应调整其他工序，才能使瓶颈工序与生产线其他工序的生产节奏趋于一致，从而提高生产线的生产效率[90]。对生产线进行优化改进时需要遵循的原则如图 2-2 所示。

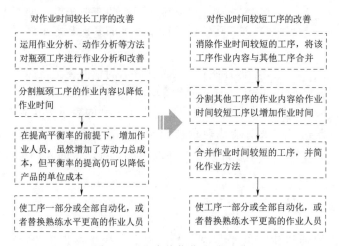

图 2-2　生产线优化改进原则

2.2　预制构件自动化生产线设计

以某建设工程预制构件生产线为例，生产的预制构件主要包括水沟盖板、路基边坡六棱块等。预制构件生产车间采用全封闭彩钢结构，划分为总控室区、生产区、养护区三大功能区域，以满足预制构件的生产需求。根据在该建设工程预制构件生产线实地调研情况，绘制预制构件生产线的工艺流程如图 2-3 所示。

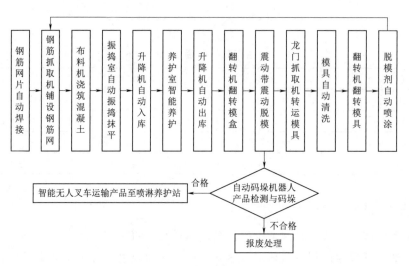

图 2-3　预制构件生产线工艺流程

为实现预制构件的数字化、信息化、智慧化生产和管理，提高预制构件生产车间的生产效率、管理效率和决策能力，从预制构件自动化加工、预制构件自动化转运、预制构件自动化回流和预制构件智能管控四个关键技术对生产线进行设计。以水沟盖板为例，该预制构件生产线包括 15 道加工工序，构件在各工位上的时间分配见表 2-2。

表 2-2   生产线各工位工作时间分配

序号	加工工序	加工时间	序号	加工工序	加工时间
1	钢筋调直、焊接	105s	9	振动脱模	40s
2	钢筋抓取	60s	10	模具盒抓取	60s
3	混凝土布料	45s	11	模具清洗	20s
4	振动抹平	180s	12	模具翻转	35s
5	升降码垛	90s	13	模具喷涂	40s
6	恒温养护	8h	14	机器人码垛	400s
7	升降拆垛	90s	15	卸载	400s
8	翻转模具盒	35s			

由于构件生产过程中有存在模具重复使用的情况，需要将各工位尽可能放置在一起，以减小工位间的传输距离并降低空间占用率，使整个生产线构成循环回路，因此将预制构件自动化生产线设计为环形，如图 2-4 所示。环形布局适用于随行夹具传送构件的生产线，预制构件生产线必须由模具装载需要加工的构件，在各工位进行加工处理。模具从生产线开始端进入，待混凝土盖板生产并养护完成后，在生产线末端对构件进行脱模处理，并使模具再次流入生产线开始端，以便循环使用。这种布局方式由多个单元共同组成，并按照逆时针排布，避免了"孤岛型"和"鸟笼型"的布局缺少连贯性、流畅性差的缺点，增加了各工位之间的互补性，进而提升了生产线的平衡率。

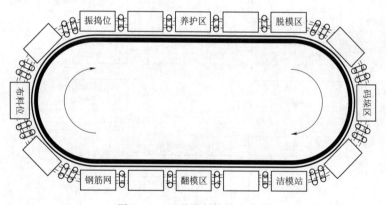

图 2-4　环形预制构件生产线

2.2.1　生产线运行流程

传统的预制构件施工工艺主要依赖大量人工作业，在施工质量控制、安全风险上存在较大的弊端，标准化程度不高，成型效率偏低，人力成本较大。根据生产线平衡理论，在对预制构件生产线结构和布局进行初步设计的基础上，融入现代信息技术，在关键工序上运用智能设备代替人工作业，采用系统实现生产过程的协同管理，最终实现预制构件数字化设计、信息化控制与智能化管理。

（1）在预制构件自动化加工技术上，通过钢筋自动调直、自动剪切及自动焊接技术对钢筋网片进行加工。设置垫块自动输送机、垫块抓取机器人及龙门抓取机等工装实现垫块安装及网片入模的智能化。采用混凝土自动布料台和自动振捣台的组合布置，弥补人工及传统布料装置的缺陷，实现混凝土精准布料。

（2）在预制构件自动化转运技术上，采用辊子输送技术，把工人从体力劳动和危险的工作环境中解放出来，采用自动升降技术，实现码放及拆卸托盘的自动化，有效解决生产过程中托盘升降困难、存在安全隐患等问题，使生产过程流畅且高效。

（3）在预制构件自动化回流技术上，利用自动脱模、提模技术，设置振动脱模台和托盘龙门抓取机实现模具与成品构件分离过程的自动化，提高生产效率。设置模具自动清洗站利用自动输送线系统、高速旋转毛刷机、高压吹风系统对模具进行清洗。设置自动喷涂站对模具盒进行脱模剂喷涂，便于模具下次使用时的脱模。

（4）在预制构件智能管控技术上，主要采用 PLC 控制技术进行生产管理，实现对生产线生产过程管控的目标。使用智能无人叉车结合 PLC 技术进行预制构件搬运，采用全面式码垛并对通用型码垛机器人进行设计和改造。利用继电器和 PLC 技术实现构件的温控养护、上水和喷淋等过程的全自动化管理。

预制构件自动化生产线运行流程如图 2-5 所示。

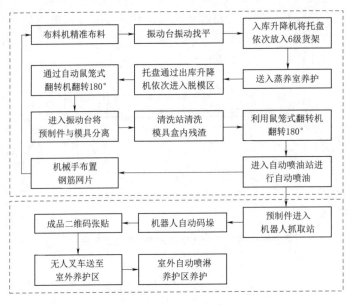

图 2-5 预制构件自动化生产线运行流程

（1）控制中心下达生产指令，钢筋通过传送系统进入拉直机，连接钢筋网片焊接机，根据程序设定自动加工出指定类型和尺寸的钢筋网片，并上传数据记录加工量，管理人员可根据钢筋消耗量，分析库存并做出预警。网片加工好后通过输送线至龙门抓取机指定位置后，伺服驱动器和连动系统控制的龙门抓取机将网片抓取后逐一放入模具盒内。该钢筋网片龙门抓取机可根据不同的钢筋网片尺寸结构调整抓取方式，实现网片抓取和摆放的目的。

（2）模具盒托载钢筋网片进入混凝土布料区，搅拌车将混凝土倒入料斗中，通过抽屉式轨道，实现自动上料及定量精准布料。混凝土入模后，移送至振动台振捣，振捣时间为1～2min，直至混凝土表面没有气泡，混凝土停止下沉。振捣台自动对混凝土表面进行平整和收浆。

（3）浇筑完成的混凝土托盘到达设定位置后，升降码垛机内的伸缩货叉伸出，将托盘叉起，并升降至设定位置，逐一将托盘放入6级货架内，每个货架堆码完成后，由自动输送线将货架输送至智能恒温恒湿蒸养室养护，恒温养护8h。输送轨道上的感应器自动采集进出库码垛数量，并上传至控制中心备存。智能养护室内设置恒温恒湿控制系统，根据温度和湿度情况自动调整喷淋间隔时间，保证预制构件养护时间及构件质量。同时，监测系统将喷淋频次及时间推送至控制中心进行实时视频监控。

（4）养护完成后由升降拆垛机将构件逐一送至传输带，自动鼠笼式翻转机的光电对射传感器检测到模具，由PLC系统发出指令，鼠笼式翻转机气缸下压夹紧定位托盘并翻转180°使其背面朝上，再送至振动脱模台将预制构件与模具盒分离。预制构件进入机器人码垛作业区，模具由龙门抓取机转运至模具回流区。

（5）模具盒自动清洗站通过高速旋转毛刷和高压水槽对模具盒进行清理，并通过高压吹风系统将残留水渍及残渣吹干脱落。然后进入鼠笼式翻转机翻转至正面朝上，再输送至脱模剂自动喷涂站。循环式喷油枪在喷涂过程中根据喷涂系统的行走速度、流量控制实现脱模剂均匀、高效喷涂，也可根据要求定量调整脱模剂的喷涂效果，避免浪费。脱模剂喷涂结束后模具盒自动回流至钢筋下料工位进行下一个工作循环。

（6）脱模后的预制构件由自动码垛机器人进行检验和码垛。自动码垛机器人采用真空吸盘抓取构件，通过吸盘上方的高清摄像头拍照上传，记录构件外观，利用AI人工算法自动识别构件是否符合标准。机器人精准定位，根据预设程序将不合格构件和合格构件进行精准定位、分别码垛，自动统计和上传码垛数量并分析计算出当前生产线的剩余产能。码垛到程序设定值后传送至叉车取料位，通过传感器及网络通信给无人叉车信号将其运送至指定区域进行自动喷淋养护。室外养护区内设置不同构件的库位，构件的入库和出库均记录在数据库中。

2.2.2　生产线布局设计

一条高效稳定的自动化生产线其布局影响因素较多，本节在生产线平衡理论及结构设计基础上，结合数字孪生等技术确定生产线初步布局。首先对生产线进行初步分析，明确生产流程、生产设备的类型与数量、工人的位置与自动搬运车等运输设备的路线等。其次根据分析的结果将预制构件生产线各个单元在模型中进行等比例呈现，在三维模型建成后采用BIM技术实现生产线的可视化漫游，观察生产线运行是否符合工序要求、是否符合操作习惯以及生产线能否流畅运行等，进一步发现生产线布局存在的问题。最后对三维模型进行调整，直至得到符合"高效、快捷、安全"生产目标的生产线布局方案。生产线布局优化过程见图2-6。

（1）初始方案。本书以某建设工程预制构件生产线为例，考虑到节省场地的因素，将生产线所有设备集中于2号棚，1号棚用于构件养护和存储。生产线初始布局方案如图2-7所示。

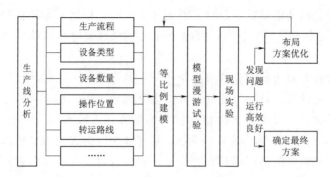

图 2-6　生产线布局优化过程

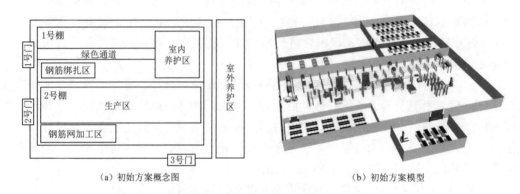

（a）初始方案概念图　　　　　　　　　（b）初始方案模型

图 2-7　生产线初始布局方案

由图 2-7 所示的初始布局方案，总结出优势和不足，见表 2-3。

表 2-3　　　　　　　　　　　初始方案布局的优势与不足

优　　势	不　　足
节省空间	工位拥挤，不利于维修养护 混凝土搅拌车在构件生产车间内布料，不利于厂内环境保护
生产线布局紧凑	钢筋网加工区距离较远，大大降低了生产效率 养护区与生产区脱离，转运成本大

首先，生产线呈现较为狭窄的直线型，工位较为拥挤，未考虑到生产设备的维修养护等需要的空间。其次，混凝土搅拌车位于室内，混凝土搅拌过程产生的粉尘等有害物质对室内工作人员危害较大。最后，钢筋网从生产线南侧投入生产，该位置离操作平台较远，不仅影响物料的入场传送，而且取料过程中容易造成道路阻断导致工作人员无法进行安全巡检。此外，养护区离生产区距离过大，转运时间和转运过程的能量消耗导致生产成本增大，生产效率降低。因此，通过分析表明，生产线布局的初始方案存在较多不足，难以达到高效的生产状态。

（2）方案改进。针对初始方案存在的问题，采取以下改进措施：

1）不再局限于节省空间，将生产效率、运行稳定、操作安全等纳入优先考虑范围，调整各个工位之间的间隙，做到空间利用最大化和生产效率相协调。

2）在构件生产车间东侧开一道侧门，将混凝土搅拌车置于室外，并与室内混凝土下料口相连，实现室内无粉尘作业，尽可能保障室内人员环保作业。

3）将钢筋网片加工区融入生产线与钢筋网片抓取机相连，实现钢筋切断、焊接自动化、钢筋网片自动入模，既可节省空间、减少搬运时间和能源消耗，又能提高生产效率。

4）将初始方案中"上养护区、下生产区"的总体布局进行调整，去掉中间的绿色通道，改成生产线统一放置于右侧，将中心位置预留给控制室，便于更好地监督和控制生产过程。

5）对生产线各个工段尽量采用 L 形布置，使得各阶段的加工互不干扰但又紧密联系形成生产流线，实现流线型生产。

6）将生产线操作指导书进行完善，把容易混淆的内容加以高亮强调显示，并制作成图表张贴在生产车间的墙面四周，便于操作工人查看和对照。并且明确各项作业的责任划分，以起到全员警示和监督的作用。

改进后的生产线布局如图 2-8 所示。通过对图 2-8 所示布局方案进行漫游可以得到改进方案布局的优势和不足，见表 2-4。

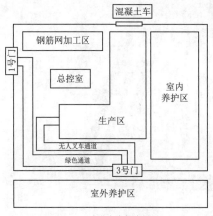

(a) 改进方案概念图　　　　　　　　　　　　　　(b) 改进方案模型

图 2-8　生产线布局方案改进

表 2-4　　　　　　　　　　　改进方案布局的优势与不足

优　势	不　足
布局紧凑，工序联系紧密，工作环境较好	无人叉车运输路径较远，负担重、能耗大
各个机位留有检修空间，便于维护	生产线形成闭合回路，难以进入内侧进行检修等工作
能够实现全方位监控	占用空间大

（3）布局改进方案。针对改进方案存在的不足，作出如下调整：

1）重新确定自动码垛机器人的位置，将预制构件码垛区旋转 90°，缩短智能无人叉车至 3 号门的距离，为智能无人叉车的工作减负。

2）在生产线上加设两座生产桥，便于安全进入生产线回路内部进行巡视和检修等工作。

3）改进后的生产线布局方案如图 2-9 所示。

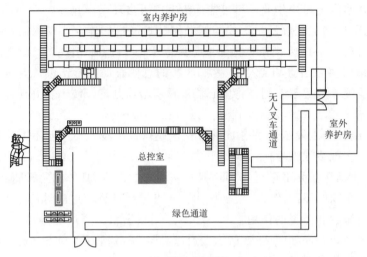

（a）改进方案布局图

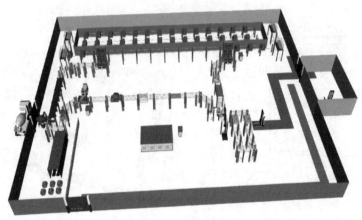

（b）改进方案模型

图 2-9　生产线改进布局方案

2.3　预制构件自动化加工技术

预制构件加工主要包括钢筋网片制作和混凝土布料等工序，传统施工工艺存在生产效率低下、材料浪费较多、人员安全隐患等问题。通过对其进行改进，实现预制构件自动化加工，保证预制构件的生产数量和质量满足要求，同时提高生产效率。

预制构件自动化加工主要由钢筋网片焊接、网片垫块安装和自动布料振动三部分组成。钢筋网片焊接技术利用点焊机控制器控制长臂式点焊机的全部焊接程序，并通过控制气源大小的减压阀调节压力大小。网片垫块安装技术通过垫块自动输送机、垫块抓取机器人、龙门抓取机等工序的组合运用，实现垫块的自动排列输出，且能够使垫块与钢筋网片自动安装到位，并转移至指定工位。通过龙门抓取机将钢筋网片置于布料区，自动布料系统启动后，上料小车根据程序指令，将场外料斗中混凝土按指定时间间隔输送至智能布料系统的料斗内，运用自动布料振动技术将混凝土均匀流入到装有钢筋网片的托盘模具盒内，实现混凝土精准布料。混凝土浇筑完成后传送至智能振捣系统进行混凝土振捣，振捣时间、振捣频率由控制中心控制。采用自动振捣台在振动时对混凝土进行分层、分段大面积振动，使混凝土达到密实、无孔、表面平整的生产要求，振捣完成后由抹平装置对构件表面进行抹平。工艺流程如图2-10所示。

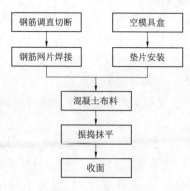

图2-10　工艺流程图

2.3.1　钢筋网片焊接技术

钢筋网片的制作主要包括钢筋调直和网片焊接。现有的钢筋调直大多采用进口设备或人工调直。进口设备的采购价格高，提高了生产成本，性价比不高；人工调直虽然成本较低，但效率较低，且质量难以保障。人工调直过程中，成卷的钢筋在调直过程中很容易对操作人员造成伤害。钢筋网片的制作方式主要分为人工绑扎和焊接设备焊接两种。人工绑扎的效率低，容易出现绑扎遗漏、绑扎过错的现象。现有的焊接设备在焊接钢筋网片时需要人工手动推动钢筋网片，操作人员与焊接时产生的火花距离较近，容易发生安全事故。该生产线利用长臂式点焊机前端连接钢筋自动调直机和自动剪断器实现钢筋网片焊接前的自动上料，后端连接自动传输带，便于将加工完成的钢筋网片传送至下一道工序。利用点焊机控制器控制长臂式点焊机的全部焊接程序，并通过控制气源大小的减压阀来实现压力大小的调节。通过自动采集钢筋网片的尺寸和网片数量，并上传至控制中心，在此基础上快速计算得到钢筋网片库存量，及时作出库存预警。其工作流程如图2-11所示。

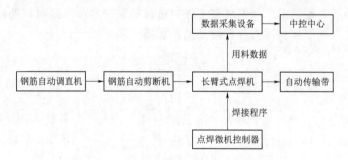

图2-11　自动钢筋网片焊接机工作流程

（1）钢筋网片信息输入。钢筋加工设备通过控制中心发出指令后启动工作。首先，根据图纸或者标准网片数据设定两种方式，将以上钢筋网片数据进行存储。网片数据输入以后，经过控制系统的软件处理会得出后续加工过程中需要的信息，包括网片尺寸、钢筋规格、钢筋间距等。根据加工的钢筋量，可自动计算和采集钢筋网片的尺寸和网片数量，并上传至控制中心。

（2）钢筋的调直和剪切工序。

1）钢筋调直。首先加工5个放线架，同时放入5捆盘圆钢筋，其中4个放线架供纵向钢筋调直，1个放线架供横向钢筋按间距调直及后续的焊接、剪切，当横向、纵向钢筋通过沿生产线方向布置的 4 组相互垂直的调直拉轮与支撑轮时，4 根纵向钢筋同时完成牵引调直，并且按照网片信息中的间距、形状和规格要求排列。在钢筋交叉点焊接部位布置一组垂直生产线方向的相互垂直的调直拉轮与支撑轮完成横向钢筋的牵引调直，根据网片尺寸，横向钢筋分次调直剪切，且每段横筋落到对应位置。

钢筋送料调直装置如图 2 - 12 所示。

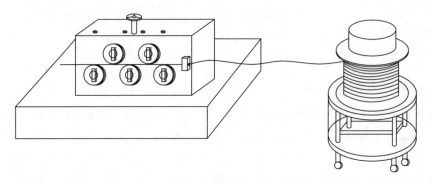

图 2 - 12　钢筋送料调直装置

在钢筋向送料调直通道中输送时，通过驱动机构驱动升降螺杆转动，使升降螺杆相对套筒向上移动，进而使钢筋输送位置保持同一高度，使钢筋不会轻易绞断或缠绕。当钢筋位于主动牵引轮与被动牵引轮之间时，由于钢筋直径不同，旋拧调节杆带动连接杆移动，连接杆同时带动支撑块及被动牵引轮移动，从而调节轮间距，对不同直径钢筋进行调节，加快调直轮组的调整速度，继而提高调直轮组的调整效率。该进料装置与机体相连接，保证送出钢筋与调直装置限位孔基本在同一个水平，在进料时能够使得钢筋尽可能地保持在直线状态，该装置适用范围广，同时整个进料过程稳定性强，提高对钢筋的调直效果，调节精度显著提高。钢筋送料调直装置细部结构如图 2 - 13 所示。

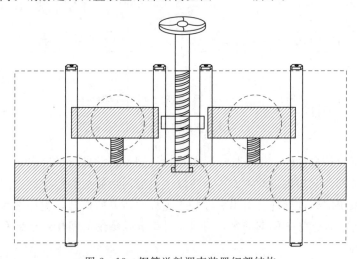

图 2 - 13　钢筋送料调直装置细部结构

钢筋调直装置通过拉轮提供动力，使盘圆钢筋通过绕线轮机与定向装置完成钢筋的拉直工作，支撑轮对初步拉直的钢筋进行支撑，确保钢筋进入到下一道工序前不会由于自重造成弯曲，经过调直后的钢筋无需人工干预直接进入下一道工序。

2）钢筋剪切。钢筋数控中心内将横向、纵向钢筋尺寸指令传输到剪切中心，剪切中心自动识别并进行精确剪切，确保钢筋长度满足要求。横向钢筋剪切工序完成后进入钢筋交叉点焊接工序，纵向钢筋剪切工序在所有钢筋交叉点焊接完成后进行。选择数控伺服剪切机型，钢筋在高速牵引速度下动态剪切，解决了剪切过程中易损伤钢筋及配件的难题。

（3）钢筋网片智能焊接、传输。采用自动剪切及焊接技术进行钢筋网片的加工，加工过程中可根据程序设定，自动剪切并焊接出规定尺寸的钢筋网片。钢筋网片的尺寸如图2-14所示。

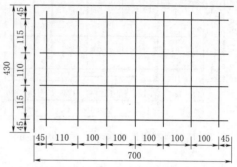

该设备以长臂式点焊机为基础，同时通过控制中心进行总体控制，形成机、电一体化结构，实现焊接全过程、自动化控制。点焊机控制器控制长臂式点焊机的全部焊接程序，并通过控制气源大小的减压阀调节压力大小，确保交叉点的焊接效果。焊接机具备4个焊头，横向一个断面的4个交叉点同时焊

图2-14 钢筋网片尺寸示意图（单位：mm）

接。每焊接完成一次，纵向钢筋自动传输一个横筋间隔的距离。在焊接过程中，横筋的调直、剪切、落料一直在进行；每一段横纵筋的调直、剪切、落料在适当的时候启动。钢筋焊接装置通过PLC装置自动采集当天加工出的钢筋网片的尺寸和网片数量，并上传至控制中心进行管理。钢筋网片剪切与传输如图2-15所示。

（a）剪切

（b）传输

图2-15 钢筋网片剪切与传输

2.3.2 网片垫块安装技术

为了实现钢筋网片垫块安装以及网片自动化入模，减少人工投入，提高生产效率，垫块自动输送机可实现垫块的自动排列输出，并与垫块抓取机器人配合，共同将垫块安装至指定工位再由垫块摆放机抓取垫块，依次摆放至指定位置。垫块摆放位置可进行调节，以适用各种类型的预制构件钢筋网片、垫块安装。

（1）自动安装垫块。

1）垫块尺寸的选择。依据预制构件设计图纸计算出对应的钢筋保护层，对应选择保护层垫块。以某建设工程水沟盖板为例，其外形尺寸为 400mm×700mm×80mm（见图 2 - 16），钢筋网片上层钢筋直径为 6mm，8mm。依据构件设计图计算出盖板上表面钢筋保护层厚度为 36mm。因此，需选择有效高度为 36mm 的垫块。

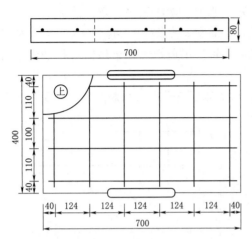

图 2 - 16　预制盖板结构尺寸（单位：mm）

2）垫块材质的选择。传统构件生产多采用混凝土垫块，垫块安装需人工绑扎，工作占用空间大、效率低且需要人工参与生产，不适用于预制构件自动化生产。经过前期摸索和试验，该生产线采用定制的塑料垫块、用以盖板生产。相对于混凝土垫块，塑料垫块具有使用方便、连接稳固、规格统一、价格低廉等优势。

3）垫块的传输。选用有效高度为 34mm 的塑料垫块，生产前，将足量的垫块放置在垫块输送机储存舱内，根据安装速度自动控制垫块传输速度。储存仓内垫块通过筛选，调位，传输后推送至垫块抓取平台，待垫块安装机抓取摆放。

4）垫块的摆放。在由垫块传输机将垫块按标准推送至取料台上后，垫块安装机器人按照设定程序抓取垫块，每次抓取 1 片摆放到指定工位的卡槽内，然后依次放置其余垫块至工位。待垫块摆放完成后，机器人收回原位，为垫块安装做准备。

（2）自动安装网片。

1）钢筋网片抓取。钢筋网片焊接完成后，由传输带输送至龙门抓取机抓取范围内，网片成品传输速度与抓取速度相匹配。钢筋网片输送至指定工位后，龙门抓取机移送至网片上方，龙门抓取机下降、按压，通过吸盘稳定抓取网片并提升至预定高度进行移送，完成钢筋网片的抓取。为防止吸盘抓空，提高吸盘对钢筋网片的抓取效率。在龙门抓取机上设置传感器，以龙门抓取机吸盘侧边安装传感器，通过控制系统计算抓取目标坐标，再返回信号判断是否抓取到钢筋网片。

2）钢筋网片垫块安装。龙门抓取机抓取钢筋网片后，通过上方滑动架将网片精确转运至垫块上方，系统控制吸盘下降，下降至预先设定高度，按压，使得塑料垫块牢靠地卡扣在钢筋网片上（见图 2 - 17）。然后吸盘上升，完成钢筋网片垫块的安装，以此来控制保护层的厚度。

3）钢筋网片入模（见图 2 - 18）。塑料垫块安装完成后，龙门抓取机吸盘上升，通过滑动架运至盖板模具上方，下降，精确装入模具盒中，保证盖板每个面的钢筋保护层厚度均符合设计要求。为提高生产效率，盖板模具分组设置，一组为 3 块。相应的钢筋网片移运终点为固定的 3 处，终点可根据模具尺寸不同进行调节。通过预先设定，系统自动控制，使得每片网片入模后均能保证成品保护层厚度。预制盖板钢筋网片入模后，可进入下道工序进行混凝土浇筑。

图 2-17 塑料垫块安装

图 2-18 钢筋网片入模过程

2.3.3 自动布料振捣技术

混凝土布料前需在模具盒中放置垫块，以保证钢筋网片固定于构件中部，通常由人工进行放置，工作内容单一且难以统一标准。传统的混凝土布料主要包括人工布料和机械布料，机械布料根据其布料装置的结构主要分为车载式和独立式。混凝土振捣方式则包括挤压法、振动法、离心法、碾压法等，需要考虑振捣频率、振捣速度及振捣持续时间等因素。虽然布料和振捣的形式多样，但人工参与均比较高，布料和振捣的效率偏低，无法实现精准布料和高质量振捣。本生产线采用混凝土布料机＋振动台组合布置，弥补人工及传统布料装置的缺陷。

2.3.3.1 自动布料技术

自动布料机主要由输送机构、储料斗和行走机构三部分组成（见图 2-19），自动布料机控制部分由减速机、制动器、变频器和 PLC 控制器组成。其作用是向预制构件模具中进行混凝土布料，将混凝土均匀输送到待浇筑构件的托盘模具盒上方，具备布料速度与行走速度可调、称重计量等功能。利用变频驱动技术和 PLC 控制器，配有紧急制动装置，可靠安全。布料机控制器基于 PLC 控制系统的混凝土布料机自动预标定技术，根据控制中心提供的盖板浇筑信息设置布料容量。以盖板为例，每块盖板浇筑方量为 $0.028m^3$，第一次布料直模板中部位置，约 $0.0168m^3$，占设计方量的 60%，第二层布料至设计方量。控制器控制布料机到达布料区域外的初始位置，通过光电开关检测磁性边模，利用 PLC 控制器记录布料机光电开关的预标定点。控制器根据光电开关安装位置与布料口外沿端点的距离，结合预标定点计算布料机相对位置，并通过控制器控制布料机滑动到预标定点，准备布料。

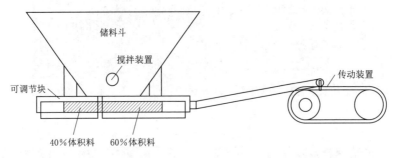

图 2-19　混凝土布料机结构

　　智能布料机储料斗中加装衬板，可降低混凝土附着力，加装搅拌装置，可缓慢搅拌储料斗中的混凝土，使混凝土保持良好的状态，下料效果更好。定体积布料的抽屉式布料模具盒为可调模具盒，根据预制盖板类型的不同，通过调节端动态调整盖板分次布料容量，该技术可以自动完成布料机预标定，提高混凝土布料机确定预标定点的准确性及预标定效率，以适用各种类盖板的生产。

　　混凝土搅拌车通过过料筒将混凝土倒入混凝土储料斗中，通过抽屉式轨道，分 3 次下料。混凝土自动布料机储料斗中加装料衬板，加装附着式振动电机，采用特殊的安装结构形式，可以使料斗整面均匀振动，在混凝土布料完成后，通过传输带匀速运送至振动台处。自动布料机工作流程如图 2-20 所示。

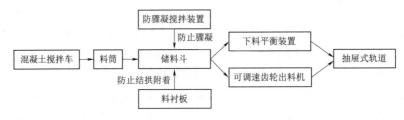

图 2-20　自动布料机工作流程

2.3.3.2　混凝土智能振捣技术

　　混凝土智能振捣区主要由信息控制机构、振动系统和传输系统组成。控制中心可以根据预先输入的信息自动调整振动频率。

　　（1）混凝土振捣。智能振动系统的两个振动台分别由独立振动电机提供振动，振动频率由控制中心统一设定。振动台传输速度可调，单个盖板经过振动台的时间满足要求，根据混凝土状态调节传输速度和振捣时间。进行振捣工作时，启动振动电机，振动台带动构件模具振动，就可以达到振捣密实构件模具中混凝土的目的。

振动台在振动时进行分层、分段振动，混凝土振动包括横向和纵向两个方向，其中，横向振动使混凝土密实、无孔，纵向振动使混凝土表面平整。振动台的移动速度和振动次数可以根据混凝土的干湿程度及混凝土厚度进行设定和更改。振动台设计时，在台面下端安装弹簧，用来缓冲在振捣时由于频率过大造成混凝土飞溅。振动台四个台柱安装垫脚，在振动过程中有助于保持平衡。

（2）振动台结构稳定。振动台下部安装有多个弹性元件，通过弹性元件连接振动台与下部支撑结构，振动台的两侧分别设置夹具，连接处安装弹性元件的作用主要包括以下几点：

1）保证每组振动台台面振动频率一致。

2）盖板在振动过程保持平衡，对振动台支撑结构起到的缓冲作用。

3）振动台四个台柱都设计有垫脚，以免振动台对地面造成损坏而至导致振动台倾斜。

智能振动台为传送带形式，作为整个生产线一部分，参与模具回流过程。构件的振捣时间可通过调节传送装置的移动速度设定，电机的振动频率可根据现场混凝土坍落度的大小及不同构件设计厚度进行设定更改。工作时，让装有混凝土的模具通过振动台转运至下一工序，保证构件混凝土内部振捣密实、表面平整。

（3）构件模具抹平。在振动台传输线末尾设置构件模具收面和抹平装置，由两块铝塑板铰接组成，固定在振动台正上方的固定架上。预制盖板通过振动台振捣充分后，表面泛浆，然后依次通过抹平装置，对振捣后的构件表面进行收光，提高构件外观质量。

构件振捣与抹平过程如图 2-21 所示。

（a）振捣　　　　　　　　　　　　（b）构件抹平

图 2-21　构件振捣与抹平过程

2.4　预制构件自动化转运技术

自动化生产线由基本工艺设备及各种辅助装置、控制系统和构件的传输系统组成，根据构件或零件的具体情况、工艺要求、工艺过程、生产率要求和自动化程度等因素不同，生产线的结构及其复杂程度存在较大差异。国内生产线自动传输系统存在以下不足：自动化生产线投入较大、各个工位具有较高的自动化程度但整体自动化程度不高、构件种类雷同或构件形状变化时需人工调整参数、生产节拍难以平衡等。自动化、智能化程度偏低，无法进行定时启动、定时关闭、间歇工作、遥控作业，同时在传输带启动和关闭时浪费较多能量，节能性能不佳。

针对目前自动化生产线传输系统的特点和本生产线预制构件的生产工艺特点，采用辊子输送技术实现构件模具盒的传输。辊子输送技术把工人从体力劳动和复杂的工作环境中解放出来，极大提高劳动生产率和构件的合格率。辊子输送技术能够在无人干预的情况下按规定的程序或指令自动进行操作与控制，实现"稳、准、快"的传输目标。自动升降技术利用行走电机进行驱动做水平运动，由提升电机通过钢丝绳带动载货台做垂直升降运动，由载货台上的货叉带动构件做伸缩运动，从而实现托盘自动升起码垛和下降拆垛。采用智能无人叉车进行预制构件搬运，智能无人叉车融合了机器人技术、搬运技术和传感器技术，主要由红外线、传感器、自动升降系统、传输网络等组成。

2.4.1 自动传输技术

预制构件的生产流程复杂且使用的设备较多，包括大量的传输系统实现物料的输送、合流、分流和其他加工工艺，见图 2-22。由于所生产的预制构件往往体积和重量较大，可能存在混凝土凝结过程，因此需要平稳运输，且辊子输送技术输送物料时较为平稳、均匀，能够更大程度上保证预制构件质量，本生产线选择有动力辊子输送机进行物料传输。

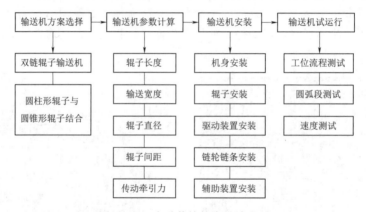

图 2-22 自动传输技术设计流程

有动力辊子输送机由原动机通过齿轮、链轮或带传动驱动辊子转动，靠转动轮子和物品间的摩擦力实现物品的输送。生产线选用有动力的双链传动辊子输送机作为自动化生产线的自动传输装置，双链传动辊子输送机的承载能力大、速度较快、通用性好，且布置方便，对环境适应性强，可在经常接触油、水及温度较高的地方工作，适用于启动、制动比较频繁的场合。

辊子输送机的输送辊普遍采用空心管、两端压轴头方式组装而成，利用辊子的转动来输送构件，可沿水平或具有较小倾角的直线或曲线路径进行输送。辊子输送机结构简单，安装、使用和维护方便，其可输送物品的种类和质量的范围大且不易超载，对不规则物品可放在托盘上进行输送，此外还具有工作平稳、噪声小、便于实现物品放置等优点。生产线采用的双链辊子传输机由圆柱形辊子和圆锥形辊子协调连接而成（见图 2-23），其中，圆柱形辊子输送机通用性好，可以输送具有平直底部的各类物品，且允许物品的宽度在较大范围内变动。但物品在圆柱形辊子输送机圆弧段上运行时存在滑动和错位现象。为改善这种情况，圆锥形辊子用于输送线路的圆弧段，多与圆柱形辊子输送机直线段配套使用，可以避免物品在圆弧段运行时发生滑动和错位现象，保持正常方位，其制作成本高于圆柱形辊子输送机。

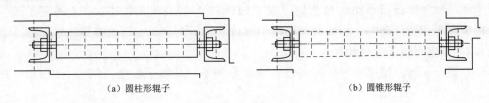

(a) 圆柱形辊子　　　　　　　　　　(b) 圆锥形辊子

图 2-23　辊子示意图

生产线辊子输送机的设计过程如下。

2.4.1.1　圆柱形辊子参数计算

（1）辊子长度。圆柱形辊子输送机直线段的辊子长度可按式（2-8）计算：

$$l=b+\Delta b \qquad\qquad (2-8)$$

式中：l 为辊子长度，mm；b 为物件宽度，mm；Δb 为宽度裕量，mm，$\Delta b=50\sim150\text{mm}$。

（2）输送宽度。圆柱形辊子输送机直线段的辊子输送宽度可按式（2-9）计算：

$$b_1=b+\Delta b \qquad\qquad (2-9)$$

式中：b_1 为输送机长度，mm；b 为物件宽度，mm；Δb 为宽度裕量，mm，$\Delta b=50\text{mm}$。

（3）辊子直径。辊子直径 D 与辊子承载能力有关，可按式（2-10）选取：

$$F\leqslant(F) \qquad\qquad (2-10)$$

式中：F 为作用在单个辊子上的载荷，N；(F) 为单个辊子的允许载荷，N。

作用在单个辊子上的载荷 F，与物件质量、支承物件的辊子数以及物件底部特性有关：

$$F=G/(k_1 k_2 n) \qquad\qquad (2-11)$$

式中：G 为单个物件的重量，N；k_1 为单列辊子有效支承因数，与物件底面特性及辊子平面度有关，一般可取 $k_1=0.7$，对底部刚度很大的物品，可取 $k_1=0.5$；k_2 为多列辊子不均衡承载因数，对单列辊子，取 $k_2=1$，对双列辊子取 $k_2=0.7\sim0.8$；n 为支承单个物件的辊子数。

单个辊子的允许载荷 (F)，与辊子直径及长度有关。在确定需要的单个辊子允许载荷及辊子长度以后，即可选择适当的辊子直径 D。

（4）辊子间距。辊子间距 P 应保证一个物件始终支承在 3 个以上的辊子上，一般情况下，可按式（2-12）计算：

$$P=\frac{1}{3}L \qquad\qquad (2-12)$$

对要求输送平稳的物品：

$$P = (1/4 \sim 1/5)L \qquad (2-13)$$

式中：P 为辊子间距，mm；L 为物件长度，mm。

　　对柔性大的细长物品，在按上述关系确定辊子间距以后还须核算物件的挠度，物件在一个辊子间距上的挠度应不大于 1/500，否则须适当缩小辊子间距。辊子输送机的物品装载段如承受冲击载荷时，也须缩小辊子间距或增大辊子直径。对双链传动的辊子输送机，辊子间距应为 1/2 链条节距的整数倍。对于圆弧段，可以圆弧段中心线上的辊子间距计算，圆弧段采用链传动时，相邻两传动辊子的角度宜不大于 5°，以改善传动状况。

2.4.1.2　圆锥形辊子参数计算

　　（1）辊子长度。辊子输送机圆弧段的圆锥形辊子，其辊子长度可按式（2-14）进行计算：

$$l = \sqrt{(R+b)^2 + (L/2)^2} - R + \Delta b \qquad (2-14)$$

式中：l 为圆锥形辊子长度，mm；R 为圆弧段内侧半径，mm；b 为物件宽度，mm；L 为物件长度，mm；Δb 为宽度裕量，mm，可取 $\Delta b = 50 \sim 150$mm。

　　（2）辊子半径。辊子输送机圆弧段辊子半径可按式（2-15）进行计算：

$$R = D/k - c \qquad (2-15)$$

式中：R 为圆弧段内侧半径，mm；D 为圆锥形辊子小端直径，mm；k 为辊子锥度，常用的辊子锥度 k 值为 1/16、1/30、1/50，锥度越小物品在圆弧段运行越平稳，布置空间比较宽裕时，k 值可取较小值，否则取较大值；c 为圆锥辊子小端端面与机架内侧的间隙，mm。

2.4.1.3　其他参数计算

　　（1）双链传动牵引力计算公式如下：

$$F_n = fWQD_r/d_0$$

式中：F_n 为双链传动辊子输送机传动链条牵引力，N；f 为摩擦因数；D_r 为传动辊子直径，mm；d_0 为传动辊子链轮节圆直径，mm；Q 为传动因数。

$$Q = [(1+i)^n - 1]/i \qquad (2-16)$$

式中：i 为一对传动辊子链轮传动效率损失因数，$i = 0.01 \sim 0.03$，i 值与工作条件有关，润滑情况良好时取较小值，恶劣时取较大值；n 为传动辊子数。

　　W 为一个传动辊子计算荷载，N，按式（2-17）计算：

$$W = W_a + aW_i + (a+1)W_g + W_e \qquad (2-17)$$

式中：e 为非传动辊子与传动辊子数量比；W_g 为均布在每个辊子上的物件重力，N，$W_g = W_m/(n_d + n_i)$；W_e 为一圈链条的重力，N。

　　（2）功率计算。传动辊子轴功率计算公式如下：

$$P = Fv(d_0/Dr)/1000 \qquad (2-18)$$

式中：P 为传动辊子轴计算功率，kW；F 为链条牵引力，N，单链传动取 $F = F_0$，双链传动取 $F = F_n$；v 为输送速度，m/s；d_0 为辊子链轮节圆直径，mm；D 为辊子直径，mm。

　　电动机功率计算公式如下：

$$P = KP_0/\eta \qquad (2-19)$$

式中：P 为电动机功率，kW；P_0 为传动辊子轴计算功率，kW；K 为功率安全因数，$K=1.2\sim1.5$；η 为驱动装置效率，$\eta=0.65\sim0.85$。

（3）辊子输送机高度。辊子输送机高度 h 根据物品输送的工艺要求（例如，线路系统中工艺设备物料出入口的高度），装配、测试、装卸区段人员操作位置等综合考虑确定，一般取 $h=500\sim800$mm，需要时可进行调整。也可不设支腿，使机架直接固定在地坪上。

（4）输送机输送速度。辊子输送机（见图 2-24）的输送速度 v 根据生产工艺要求和输送方式确定。一般情况下，动力式辊子输送机速度取 $0.25\sim0.50$m/s，并尽可能取较大值，以便在满足同样输送量的前提下，使物品分布间隔较大，从而改善机架受力情况。当因生产节拍等原因，工艺上对输送速度严格限定时，输送速度应按工艺要求选取，但动力式辊子输送机不宜大于 1.5m/s，其中链传动辊子输送机不宜大于 0.5m/s。

（a）空载

（b）构件传输

图 2-24　辊子输送机

2.4.2　自动升降技术

生产线采用自动升降机设备将托盘货架进行传输，自动升降机由起升机构、运行和货叉伸缩机构、金属结构、载货台、电气装置及安全保护装置等组成。

2.4.2.1　自动升降机设备结构

预制构件自动升降装置中底部输送机构如图 2-25 所示，包括支撑架，支撑架上依次连接第一主板、防护筒，第一主板、防护筒上相对开设通道，防护筒的通道位置固定连接滚珠螺母，还包括滚珠丝杠，滚珠丝杠底部连接步进电机，中部转动连接防护筒，螺纹连接滚珠螺母，顶部转动连接第二主板；步进电机用于驱动丝杠带动第二主板上下移动，以便将放置预制构件的托盘传输至升降平台或存放托盘。

通过步进电机驱动滚珠丝杠带动第二主板

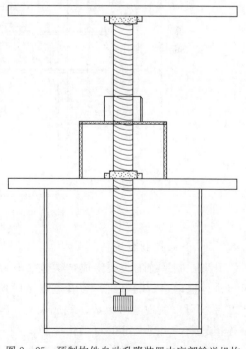
图 2-25　预制构件自动升降装置中底部输送机构

上下移动，便于低层传输及存放托盘；升降平台上安装有传送装置，通过传送装置转运，将预制构件转移至传送装置上，通过驱动源调节所需达到的高层位置，直至达到需传输高度，送入货架，方便快捷；在将预制构件运出养护室时，先利用驱动源驱动升降平台向上移动至货架不同层高度，将装有预制构件的托盘放置到传送装置，待预制构件固定后，再利用驱动源带动升降平台下降，下降到指定高度时再将托盘传送至第二主板并取出预制构件，此时驱动步进电机带动第二主板，使托盘向下移动至储存托盘的位置。

2.4.2.2 起升机构

起升机构由电动机、制动器、减速器带动起重链条等部件组成，用链条做柔性件机构较紧凑。为减小起升机构电动机功率，设置质量等于载货质量和一半起重量的配重，此时采用链条更便于布置。起升机构低速一般不大于 5m/min，停止精度要求高时为 1.5～2m/min。起升机构一般布置在立柱下部或下横梁上，以便于维护，对于链条驱动的结构和带配重的机构布置在立柱上部更方便。

预制构件自动升降装置中上部承接机构如图 2-26 所示，包括：驱动源，驱动源输出端连接转动柱，转动柱穿过两个链轮中心，每个链轮上连接一个链条，两个链条等高位置之间连接一个支撑杆，支撑杆上固定连接升降平台，升降平台上连接传送装置；动力源用于驱动转动柱带动升降平台上下移动，从而有利于升降平台与传输货架配合，对预制构件进行传输，便于将预制构件从生产线送至养护室，或者将预制构件从养护室传送至室外。

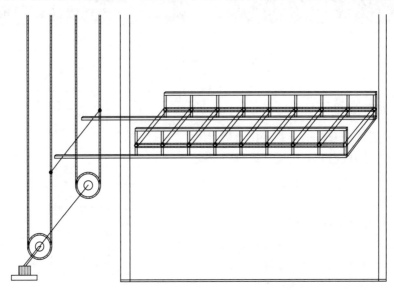

图 2-26　预制构件自动升降装置中上部承接机构

2.4.2.3 升降控制系统

升降控制系统的主要组成结构包括电力拖动系统与电气控制系统，前者主要指升降机可以进行拖动运行的电路；后者主要由呼叫按钮、指示灯、传感器以及核心器件等构成。PLC 系统可以实现信号集成，完成采集、输出、逻辑控制等工作，可以将电梯内部各个系统连接起来，实现全部的自动化控制。

预制构件自动升降装置通过步进电机驱动滚珠丝杠带动第二主板上下移动，便于低层传输及存放托盘；升降平台上安装有传送装置，通过传送装置转运，将预制构件转移至传送装置上，通过驱动源调节所需达到的高层位置，直至达到需传输高度，送入货架，方便快捷。在将预制构件运出养护室时，先利用驱动源驱动升降平台向上移动至货架不同高度，将装有预制构件的托盘放置到传送装置，待预制构件固定后，再利用驱动源带动升降平台下降，下降到指定高度时再将托盘传送至第二主板并取出预制构件，此时驱动步进电机带动第二主板，使托盘向下移动至储存托盘的位置。该升降系统设计合理、便于操作，能够带动预制构件进行上下移动，实现预制构件在生产线至养护室之间快速且稳定传输，省时省力，安全可靠；还具有升降高度可调节，适合批量、多样式的预制构件传输，并且节约场地。

2.4.2.4 自动升降机控制

自动升降机智能化控制主要是通过智能化技术以及相关的无人操作系统实现的。自动检测系统中具备升降机正常运行的各项功能，可以使用一组操作指令，对升降机的上下行、指示灯状态和升降机停止是否在规定范围内等进行监测。升降机检测系统包括信号的输入、动作、信号传输等，同时还能够模拟系统的运行状态，然后检测确定 PLC 程序和控制程序的工作状态，及时发现系统运行的错误信息，各项结果可以直接反映到系统中。

2.4.2.5 堆垛机自动控制

自动控制的堆垛机由行走电机通过驱动轴带动传送带在下导轨上做水平行走，由提升电机通过钢丝绳带动载货架做垂直升降运动，由载货架上的货叉做伸缩运动。通过上述三维运动可将指定货位的构件取出或将构件送入指定货位。行走认址器用于测量堆垛机水平行走位置，提升认址器用于控制载货架升降位置，货叉方向使用接近开关定位，其位置监测系统如图 2-27 所示。为了使货叉伸缩到位，保证准确存、取货物，在货叉上装有机械定位装置和电气定位感应开关组成的双重定位保护装置。通过光电识别以及光通信信号的转换，实现计算机控制。采用优化的调速方法，减少堆垛机减速及停机时的冲击，有效缩短堆垛机的启动、停止的缓冲距离，提高堆垛机的运行效率。

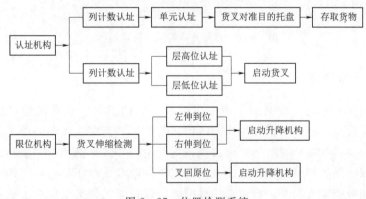

图 2-27 位置检测系统

2.4.2.6 自动升降机

自动升降机可满足不同作业高度的升降需求，具有升降平稳安全、可频繁启动、载重量大等特点，有效解决了预制构件生产过程中托盘升降困难、存在安全隐患等问题，实现高效升降。

（1）自动升降码垛机。浇筑完成的混凝土托盘到达设定位置后，升降机内的伸缩货叉伸出，将托盘叉起并升降，逐一将自动传输带传送的托盘放入货架内，如图 2-28 所示。当货架堆码完成后，由自动输送线将货架输送至智能恒温恒湿蒸养室养护。蒸养室对托盘的容纳数量对本生产线的生产能力起着决定性作用，通过托盘码垛施工可达到空间利用的最大化，提高生产线的生产效率。利用感应器可以自动采集进出库码垛数量，并上传至控制中心，中控平台可根据上传数据统计出入蒸养室的构件数量。

（2）自动升降拆垛机。托盘预制构件在蒸汽养护室达到龄期后，由自动输送系统将托盘货架逐次输送至自动升降拆垛机处，升降机内的伸缩货叉伸出，将托盘托起，并逐一放置于自动输送平台，传送给 180°自动鼠笼式翻转机，进入脱模工序。

（a）托盘入机

（b）托盘上升

（c）托盘码垛

图 2-28　自动升降码垛机码垛过程

2.4.3　智能转运技术

传统平衡重式叉车是工业搬运车辆中应用最广泛的工具，具有机动灵活、动力性能好、适应性强等特点，能在不同场地高效工作。但传统平衡重式叉车需由工人驾驶操作完成货物的装卸、运送和堆码垛，因此通常配备驾驶室，导致车辆体形一般较为庞大且需要较大的作业空间，除了容易造成场地以及人力资源的浪费外，还具有一定的安全隐患。因此本生产线采用智能无人叉车进行预制构件搬运，该智能无人叉车融合了机器人、自动控制和传感器等技术，实现预制构件的智能转运。

（1）无人叉车装置。无人叉车装置布置在叉车前端，货物载于前端的货叉上，货叉通过挂钩装在叉架上，两个货叉之间的距离可根据作业需要动态调整。叉架是由钢板焊接而成的结构件，具有滚轮组，内门架内侧具有上下方向的槽形轨道，叉架与内门架通过滚轮组、槽形轨道相接，装载货物时，叉架沿内门架的轨道做上下运动，同样，内门架与外门架通过滚轮组、操行轨道相接，只能沿外门架进行上下平动。

（2）控制角度调控装置。为防止叉车向前倾翻，在其后部装有平衡重，前轴为驱动桥，后轴为转向桥，外门架下部铰接在叉车驱动桥上，为方便存取货物，并且防止搬运过程中货物滑落，借助倾斜液压缸的作用，叉车行驶时，叉架随门架前倾或后倾一定角度。通过定位模块将无人叉车的实时位置信息和当前状态信息发送至控制器，控制器将无人叉车的实时位置与存储的无人叉车行驶路径图中目标位置的距离进行计算得到实时目标距离，测距装置将获得的实时监测距离发送至控制器，控制器将实时目标距离和实时监测距离分别与系统中预设距离信息进行比较，以通过驱动装置实时调控无人叉车以不同速度行驶。该车载控制器可以实时定位无人叉车的位置，及时对偏离正常行驶路径的无人叉车进行角度微调，实时调整无人叉车的行驶速度，提升整体运输系统效率，如图2-29所示。

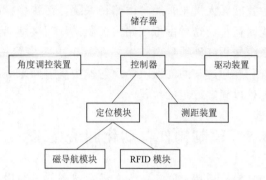

图2-29 智能无人叉车车载控制器控制系统

（3）无人叉车作业过程。预制构件到达无人叉车取料位时，通过传感器及网络通信，发送无人叉车信号，无人叉车收到指令，将码垛好的预制构件按预设路线运送至指定储放区。工作过程中，无人叉车从控制中心主机接收指令并报告自己的状态，而控制中心向叉车下达任务，同时收集传回的信息以监视其工作状况。同时，通过车载计算机可完成叉车手动控制、安全装置启动、蓄电池状态、转向极限、制动器解脱、行走灯光、驱动和转向电机控制、充电接触器等监控。车载计算机在硬件上采用PLC控制器实现，它是叉车行驶和进行作业的直接控制中枢，需要接受主控计算机下达的命令、任务，并向主控计算机报告叉车自身状态，包括位置、运行速度、方向、故障状态等，根据所接受的任务和运行路线自动运行到装卸站进行作业。智能无人叉车如图2-30所示。

图2-30 智能无人叉车

（4）路线选择。在无人叉车往返于装卸站的过程中，需自动完成运行路线的选择、运行速度的选择、运行方向上障碍物的避让等，因此，除控制系统外，无人叉车的另一关键部分是导引。叉车依靠导引，可以沿一定路线自动行驶，根据自动导引车系统中的运行路线，可将导引系统分为三类：固定路径系统、自由路径系统以及组合路径系统。该生产线中智能无人叉车采用自由路径系统，系统中没有任何具体形式的运行轨道，叉车沿虚拟的线路运行，这种虚拟线路由控制系统间接地通过一些指示装置来确定。无人叉车自动导向系统采用红外线导引技术，在叉车顶部装置一个沿 360°按一定频率发射红外线光源的装置，并通过车间屋顶上的反射器中反射回来，再由探测器将信号中转给计算机，经计算和测量以确定行走的位置。

2.5　预制构件自动化回流技术

模具周转时间长、人工搬运效率低、脱模剂喷涂工作环境危害大等问题是模具回流工序中面临的难题。采用现代信息技术，并配套相应的自动化装备，实现预制构件模具的高效回流。自动脱模提模技术采用振动脱模台和托盘龙门抓取机组合搭配，实现振动脱模制动时间和频率的程序化控制，实现模具与成品构件分离过程的自动化，还在一定范围内可以根据构件模具盒的尺寸进行调整改造。模具自动清洗技术采用自动清洗站进行模具清洗，通过高速旋转毛刷并结合水槽将托盘内残渣清理干净，通过高压吹风系统使托盘内的残留水及残渣吹干脱落，最后利用自动输送线送至下道工序，实现了全自动代替人工操作。脱模剂自动喷涂技术通过设置自动喷涂站对模具盒进行脱模剂喷涂，托盘模具由自动输送线传递至自动喷涂站后，循环式喷油枪喷脱模剂。

预制构件混凝土模具智能脱模清洗及喷涂施工采用 PLC 控制技术进行控制，通过预先输入预制构件外形尺寸、养护条件等信息，经控制中心数据处理后向生产线设备发送信号指令，控制各个工序及设备协调工作，完成构件翻转、振动脱模、提模转运、模具清理、模具回正及喷涂脱模剂等工作。构件达到脱模条件后，利用智能脱模提模技术，完成模具和构件的脱离及模具的转运。构件转运到振动台后，触发光电感应开关，振动台脱模程序启动，开始振动脱模。完成脱模工作后，传输线将带有模具的构件传送至提模区域，龙门抓取机向上抓取模具盒，将模具与成品构件分离。构件脱模后，采用智能模具清理技术对模具盒进行清洗作业。通过高速旋转毛刷并结合水槽将模具内残渣清理干净，通过高压吹风系统使模具内的残留水及残渣吹干脱落，清理完成的模具通过自动输送线传送至脱模剂自动喷涂站。采用脱模剂自动喷涂技术，利用循环式喷油枪向托盘内喷脱模剂对模具盒进行脱模剂喷涂，该技术能够根据系统的行走速度、脱模剂喷涂系统的流量控制从而实现脱模剂均匀、高效地喷涂。预制构件自动化回流工艺流程如图 2-31 所示。

2.5.1　自动脱模提模技术

在预制构件养护完成后，需要对构件进行脱模回流。传统的脱模方式主要是通过人工将带有混凝土预制构件的模具盒搬运至铁架或钢架，使模具盒开口朝下，通过模具盒边缘反复碰撞铁架或钢架，从而使混凝土预制构件脱离模具盒。人工操作，工作量大、过程烦

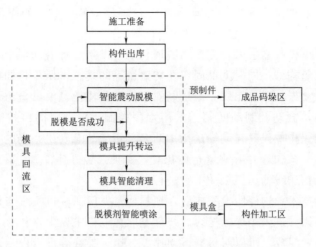

图 2-31　预制构件自动化回流工艺流程

琐，因此通常耗时较长，不仅效率低下且易于损坏构件或模具盒，导致生产成本提高，浪费了人力、物力和财力。

　　预制构件在养护成型后，经自动升降机拆垛后，送至鼠笼式翻转机，将托盘模具盒翻转180°，将构件混凝土面朝下，模板底面朝上。翻转完成，输送至振动脱模台，再由该自动脱模振动台通过竖向振动器使托盘模具盒与预制构件分离，便于模具进入下一次的循环使用，如图2-32所示。利用自动脱模提模技术，设置了振动脱模台和托盘龙门抓取机来实现模具与成品构件分离过程的自动化，提高生产效率。智能振动脱模与提模施工主要包括智能传输、振动脱模及提模转运等技术。

图 2-32　自动脱模、提模转运技术工艺原理

　　(1) 智能传输技术。在预制构件进入脱模振动区域后，先经导向装置调整模具盒位置，为振动台振动脱模做准备。生产线两侧设置有光电感应器，构件传输到此位置时，触发感应器，感应器反馈信号，该传输模块停止工作，构件停止向前传输。待振动台完成上一组构件振捣后，生产线重新启动，将该组构件传送至智能振动台，同样走到特定工位，构件停止向前传送，振动台开始工作。后一组构件向前传输至该组构件原来位置，依次往复工作，完成构件传输工作。

　　(2) 振动脱模技术。智能振动台具备传输和振动功能，振动台设在传输线内部，顶面高度较传输线低3cm。振动台台面由13个矩形单元组成，每个单元位于传输线传输辊子间。构件传输功能启动时，升降系统不动，传输线运转，传送构件。启动振动功能时，升降系统下降，构件由振动台面支撑，同时气缸下压，将构件按压在振动台上，然后启动振动功能，开始振动脱模。构件和模板分离后，升降系统上升，气缸回收，传输线启动，传送构件，完成构件和模具的分离工作。智能振动台采用平板振动器，安装在振动台的底部，振动台面下端安装有弹簧装置，避免在振动脱模时，振动台产生强烈振动对安装在振动台上的控制设备元件造成影响。振动台四个台脚处设置垫脚，使振动过程中台面保持平衡。

　　背面朝上的托盘模具盒进入智能振动脱模台后，升降装置启动，带动传输装置向下运动，由振动台支撑起构件，同时上部固定在传输线上的气缸下压，将构件牢靠地固定在振动台上，振动台启动振动脱模工序。通过竖向振捣方式使托盘模具盒与预制构件脱离。且振动台振动噪声小，振动及制动时间均采用程序控制，振动时间可按需要设置，操作简便，时间控制精准。构件模具自动输送至 180°自动鼠笼式翻转机，光电对射传感器检测到位，PLC 给出指令，气缸下压，夹紧定位托盘，实现翻转机翻转 180°，使托盘模具盒正面朝下，然后由自动输送线输送至振动平台进行振动脱模。

　　（3）提模转运技术。构件脱模完成后，模具通过龙门抓取机实现与构件的分离，进入清洗回流区，成品构件进入码垛输送线。托盘龙门抓取机主要由操作机、控制系统、搬运系统和安全保护装置组成，可以对机器运动速度、搬运参数等进行设定。托盘龙门抓取机的末端执行器是一种夹具，在一定范围内具有可调性，根据构件模具盒的尺寸自行调整，实现模具与成品构件分离过程的自动化。

　　构件经过振动台后，传送至指定工位，利用一侧构件定位装置将构件推向生产线的对侧，调整模具盒位置，便于龙门抓取机快速、准确抓取模具盒。模具盒经调位后，龙门抓取机驱动气缸下降，使夹具下缘至模具底部齐平。夹具沿模具盒长度方向收缩，夹紧模具后，带着模具盒提升，使模具和构件成品分离。提升至一定高度后，夹具带着模具盒横向移动，至模具回流线上方，夹具下降，将模具盒放置在传输线上。然后提升，复位至待分离模具盒上方，指定工位处有待分离模具时，龙门抓取机再次启动，循环往复，完成模具盒与成品构件的分离及模具盒转运工作。自动脱模、提模过程如图 2-33 所示。

图 2-33　自动脱模、提模过程

2.5.2　模具自动清洗技术

　　在模具进行二次利用前，需对模具进行清洗，传统的模具清洗工序由人工完成，在脱模后将模具搬运至堆放区域，待空模具存放到一定数量后进行集中清洗。这种方式加大了模具的需求量，导致模具周转周期过长，一定程度上提高了生产成本。生产线中脱模后的空模具盒经由龙门抓取机移送至自动输送系统，并由鼠笼式翻转机再次翻转，然后进入模具自动清洗站进行清洗作业（见图 2-34），从而改善构件外观质量，减小模具的损坏，提高模具使用寿命。

图 2-34　模具自动清洗站

（1）模具清洗站构成。智能模具清洗站主要由传输系统、清理系统和降尘室组成。传输系统由支撑架、传输滚轮、光电对射开关及驱动电机组成。清理系统由模具导向装置、限高装置、高速旋转毛刷、高压吹风系统及残渣收集盒组成。智能模具清洗站由降尘室封闭。

（2）清理模具盒传输。在模具清理站入口处设置有光电对射开关，当模具盒通过开关时，光电对射开关接收到信号，模具清理系统开始启动工作，模具盒传送速度降低，与模具清理系统有效清理速度匹配。在模具清理站出口处，同样设置有光电感应开关，在模具盒中模具盒全部清理完成后，模具盒前端通过开关，光电对射开关再次接收到信号，模具盒传输速度恢复正常，模具清理装置停止工作。模具盒在不同阶段不同的传输速度，不仅保证模具清理的效果，同时提高生产线运转速度，进而提高生产效率。模具清理系统的适时启动，降低了能耗，减少设备的使用时间，降低设备磨损，进而延长设备的使用寿命。

（3）模具盒限位。模具清洗站前后，均设置导向装置，调整模具盒传送方向，使模具盒传输方向盒传输线传送方向一致，便于传输及模具清理站高效清理。清理系统的上部设置有限高装置，由两组铝合金钢管制成栅栏形式的方格组成。通过调整限高装置的高度，调节模具与清理毛刷的接触面积，进而调整清理系统对模具的清理效果。由于模具盒整体质量较轻，在通过高速旋转的毛刷时，模具盒会被毛刷顶起，清理效果较差，通过调节限高装置高度，保证模具能够得到有效清理。

（4）模具盒清理。模具盒进入模具清理站后，模具清理系统启动，高速毛刷快速转动，将模具表面混凝土残渣清理干净，清理的固体废物掉落在毛刷正下方的废物集料盒中。模板表面黏着的粉状物由高压风枪产生的高速气流吹落，同时，模板上残留的养护水也被高速气流带走。经过清洗站的模具表面洁净、干燥，达到喷涂脱模剂的条件。清理站内的负压风机使模具清理站内处于负压状态，对模具内的混凝土清理的时候，高速风枪吹落的灰尘被吸入集尘盒内，滤尘网布将进入到集尘盒内的灰尘阻挡，将灰尘收集在集尘盒内，防止灰尘飞散，有效地保证工作环境清洁。

2.5.3　脱模剂自动喷涂技术

预制构件生产过程中需对清洗过后的模具进行脱模剂的喷涂，经喷涂脱模剂的盖板脱模后具有表面光洁，无缺棱、掉角和粘模现象，外观质量稳定等特点。传统脱模剂通常由人工喷涂，即当模具到达喷涂工位时，手动进行循坏喷涂，这样完成一次喷涂不仅耗时长，喷涂不均匀，而且长时间在这种环境下工作，不利于工作人员的身体健康。因此这种人工喷涂脱模剂的操作方法已经不能满足自动化生产要求。自动喷涂站对模具盒进行脱模剂喷涂，可有效解决传统方法的弊端。

（1）自动喷涂站组成。脱模剂自动喷涂装置包括支撑喷涂系统的机架、完成脱模剂喷涂的喷涂系统和调节喷涂系统的控制系统。喷涂系统包括喷枪固定板、喷枪、连杆机构及气动搅拌压力桶，喷枪设置在固定板上，连杆机构与喷枪固定板相连接，气动搅拌压力桶与喷枪相连接。喷涂系统还包括推动气缸，通过气缸固定板固定连接在机架上，并借助连杆机构实现对喷枪固定板的位置调节。控制系统包括相互之间信号连接的检测单元、调节控制单元及执行单元，喷涂系统通过所属控制系统的控制完成脱模剂的喷涂。自动喷涂站如图 2-35 所示。

（a）入喷涂站　　　　　　　　　　　　　　　　　　（b）出喷涂站

图 2-35　脱模剂自动喷涂

（2）模具盒导向装置。模具托盘在完成翻转正位后，由自动输送线传递至自动脱模剂喷涂站。喷涂站前设置导向装置，导向装置由两根角钢组成，角钢上装有导向轮组。利用此装置，可固定模具托盘传输方向，便于脱模剂准确喷涂在模具内，提高脱模剂喷涂质量。导向装置可根据模具盒托盘尺寸调整，以适用其他尺寸预制构件生产预制。喷涂过程中，根据系统的行走速度、脱模剂喷涂系统的流量控制可实现脱模剂均匀、高效喷涂。

（3）脱模剂喷涂。在喷涂装置前端水平距离 20cm 处，传输线两侧设置有光电对射开关，模具托盘前端传输通过时，感应器触发，模具盒传输速度下降，循环式喷油枪开始脱模剂喷涂工作。在喷涂区域内，每块模具 4 个循环，同时根据构件尺寸设置单次喷涂有效宽度和脱模剂交叉喷涂区域，保证构件模板脱模剂表面全覆盖。

脱模剂自动喷涂技术能够根据系统的行走速度、脱模剂喷涂系统的流量控制从而实现脱模剂均匀、高效的喷涂。自动喷涂站对模具盒进行脱模剂喷涂，可有效解决传统方法喷涂脱模剂不均匀、喷涂质量受人为因素影响大等弊端。控制系统可根据预设构件信息定量调整脱模剂的喷涂量，避免浪费，同时可降低施工工人的劳动强度，提高安全系数和劳动生产率。自动脱模剂喷涂站加设封闭式安全防护系统，防止脱模剂飘散到空气中，避免污染工作环境。

2.6 预制构件智能管控技术

预制构件的工序复杂，主要包括模台清洗、数控划线、喷油、布模、钢筋轧制、预埋、浇注振捣、堆垛养护、拆模、成品吊装等。由于预制构件生产线的工序复杂性，加工过程中面临着许多变化因素，例如，设备自身状态的不确定性、外界环境状态的不确定性等，各设备之间又需要进行大量的协同工作，因此要求生产线各机械设备都具有对自身状态的感知、对外界环境的感知以及对其他设备状态进行感知。我国传统预制构件生产中主要以人工生产和半自动化生产为主，工人劳动重复性强，工作量大，工作环境较差。即使社会发展 PC 构件生产逐渐向自动化过渡，但 PC 构件生产时仍主要依靠人工根据代代相传经验进行传统生产管理，或结合计算机进行辅助管理，未能实现高效的生产线控制系统与预制构件生产线的有机融合。

控制器作为控制系统的核心，其性能直接影响了控制系统的可靠性、数据处理的速度、数据采集的实时性等。由于各项设备运行环境较为复杂，干扰源众多，预制构件生产线对控制器的实时性和可靠性的要求较高，需要选择一种既满足系统要求，又具有良好的可扩展性和兼容性的运动控制器至关重要。

2.6.1 PLC 控制技术

PLC 是一种可以运用数字运算来进行具体操作的电子控制系统。PLC 控制技术是将计算机、自动控制、微电子以及通信等技术融入控制器形成的新一代工业控制装置，具有可靠性较强、通用性较强、适用范围较广、便于使用、抗干扰水平较高、容易编程等特点。该技术能够代替传统的计数、计时、继电器等控制功能，搭建远程控制系统。它采用可编制程序的存储器，用来在其内部存储执行逻辑运算、顺序控制、定时和算术运算等操作的指令，并通过数字式、模拟式的输入和输出，控制各类设备操作。预制构件生产线采用 PLC 控制技术进行生产控制和管理，PLC 中管控整条生产线的自动生产控制指令，实现对生产线生产进行控制和管理的目标，并动态记录构件生产过程中的数据及设备状态，供管理人员随时监督查看生产线作业情况。

基于 PLC 技术的机械设备控制系统由输入设备、输出设备和逻辑控制装置三部分组成，如图 2-36 所示。其中，输入设备是控制系统进行信号采集的界面设备，完成人与机之间的信号采集和机与机之间的信号采集。操作人员发出的指令信号通过按钮、各类手动开关送入控制系统，现场自动运行的控制信号通过行程开关等现场检测设备送入控制系统。输出设备是用控制系统发出的控制信号去控制执行机构，实现要求的运动输出和显示设备运行的状态。执行机构包括继电器、交流接触器、控制液压系统的电磁阀、信号显示灯等。控制系统根据给定的控制逻辑对输入设备送来的控制、检测信号进行计算处理、并将计算结果转换为控制信号，通过输出设备来控制机械设备运行。

虽然 PLC 型号众多，但其组成结构基本相同。集中式 PLC 的基本组件包括电源组件、微处理器 CPU 及存储器组件、输入及输出组件，基本组件集中在机壳内，构成 PLC 的基本单元。模块式 PLC 的基本组件主要包括电源模块、主机模块、输入模块、输出模块，

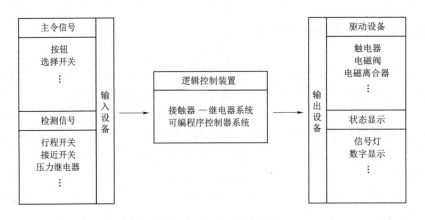

图 2 - 36　PLC 控制系统结构

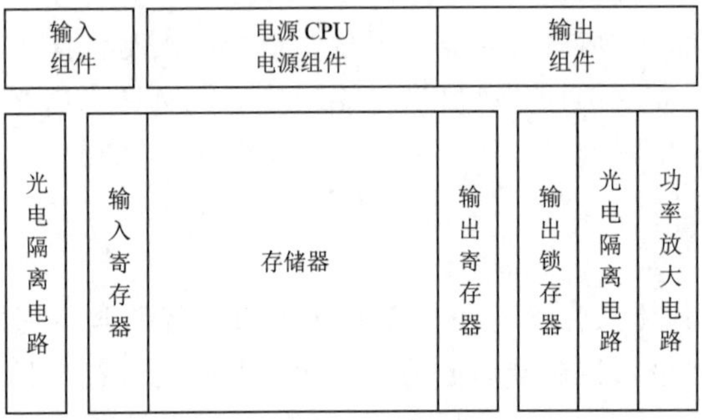

并根据不同的控制功能要求配置各种功能模块。PLC 系统构成如图 2 - 37 所示。

电源组件用于提供 PLC 运行所需电源，可将外部电源转换成供 PLC 内部器件使用的电源，电源组件中的备用电源采用锂电池，当外部供电中断时，PLC 内部信息不被丢失。微处理器 CPU 是 PLC 的核心器件，不同生产厂使用不同的 CPU 芯片。系统开发人员使用 CPU

图 2 - 37　PLC 系统构成

部件的指令系统编写适应于构件生产控制的系统程序，系统程序固化在存储器组件的 ROM 中，CPU 按系统程序所赋予的功能，接受用户控制应用程序和数据，存放在存储器组件的 RAM 中，并在设备运行时，执行用户程序、实现对设备的控制。

输入和输出组件是 PLC 与工业生产现场交换数据的界面，具有较强的抗干扰能力。输入组件工业现场的各种控制信号类型多、干扰大，必须经过输入组件的处理，去除干扰，统一信号，并将处理后的信号存放指定的存储器区域。输入组件由光耦合隔离输入接口电路和输入状态寄存器两部分构成，光耦合隔离输入接口电路将现场控制信号经光电耦合转换为统一电信号，实现干扰隔离，每一个输入信号端口有一个转换电路单元，各转换单元可为独立电路，也可按固定数目分组，构成组合电路。接口输入电路有处理交流信号的电路，也有处理直流信号的电路。经过光耦合隔离输入接口电路的信号作为控制数据，存放在输入状态寄存器，每个输入信号占寄存器一位，信号状态 "0" 和 "1"，分别对应现场控制触点信号开和关两个状态。输出组件 CPU 计算处理后送出的控制信号比较微弱，不能驱动外部负载，需经过输出组件处理。输出组件由输出状态寄存器、输出锁存器、光耦合隔离输出接口电路、功率放大器四部分组成，CPU 计算处理后的结果数据分别送入存储器的各数据存储区，输出信号送输出状态寄存器，输出状态寄存器内的信号状态一方面作为数据，被程序调用，参与计算，另一方面送输出锁存器，准备输出，光耦合隔离输出接口电路将输出锁存器的输出信号转换为不同的功率放大电路的驱动信号，输出信号经放大以后，驱动外接负载。PLC通过输入和输出端与现场设备连接，其接线方式有独立式和汇点式，独立式每点构成单元电路，汇点式多点构成单元电路，采用分组接线的形式以适应同机使用不同电源等目的。

PLC采用周期性方式工作，每个循环周期含有若干阶段。首先是诊断阶段，PLC自检，当状态正常时，进入下一步工作，否则待机。其次是联机通信阶段，PLC与上位计算机及其他PLC相连时，进行联机通信，传送本机状态信息和接收上位计算机指令。第三是输入采样阶段，对现场信号输入端口状态进行扫描，并将信号状态存放输入状态寄存器。第四是程序执行阶段，PLC从程序第一条指令开始按顺序执行，所需要的数据如输入状态和其他元素状态分别由输入状态寄存器和其他状态寄存器中读出，程序执行结果分别写入相应元素状态寄存器，输出状态寄存器中内容会随着程序执行进程而变化。最后是输出刷新阶段，程序执行结束后，输出状态寄存器中的内容送输出锁存器，产生设备驱动信号，驱动负载设备，完成实际的输出。

2.6.2　自动码垛技术

传统的预制构件码垛主要依靠人工搬运及构件码垛，或利用机械将构件运输至指定工位后进行人工码垛，存在效率低下、工作繁重、危险系数高等弊端，且维修养护较为麻烦。预制构件生产线采用自动码垛技术，部署在生产线末端，可针对一条或两条生产线，具有较小的传输成本和占地面积，较大的灵活性。码垛机器人在预制构件生产中承担构件提升、移动、下降等作业。

码垛过程中采用一进一出的形式，生产线繁忙有序，码垛速度较快，托盘分布在机器人左侧或右侧。码垛机器人通过设置抓臂调节结构，通过转动转杆即可完成对抓臂位置的调整，便于对预制构件的抓取。预制构件码垛机器人是典型的机电一体化产品，主要包括底座、转臂、吸盘、压簧、气缸等结构，码垛机器人的工作原理如下。

2.6.2.1　码垛机器人转动结构

码垛机器人主要设置有转臂调节结构，通过转动转杆动态调整抓臂位置，便于预制构件的抓取。转动时，电机的输出轴带动主动锥齿轮转动，通过主动锥齿轮带动从动锥齿使转轴转动，进而带动安装板进行转动，通过设置转动结构，使夹取结构可以根据生产需求调整合适的角度，使其运动更加灵活，更有利于推广使用。

码垛机器人及检测装置如图2-38所示。由码垛机器人、厚度检测装置和重量检测装置几个部分构成，其中，码垛机器人通过转动基座、连接杆、连接臂和驱动电机进行多个方向的转动，机器人底部的真空吸盘与预制构件的表面接触，将两者之间的空气抽走使得预制构件与真空吸盘牢牢地结合在一起，即可进行码垛。厚度检测装置包括第一红外线传感器和第二红外线传感器，重量检测装置包括重力传感器。当厚度检测装置和重量检测装置对预制构件初步检测完成后，激光测距装置能够精确检测真空吸盘底部所在预制构件的距离，高清工业相机用于对预制构件进行拍照，记录预制构件尺寸及表面是否出现裂纹等，并传送至控制装置为后续管理做准备，通过该装置无须进行人工抽检，提高检验的效率。

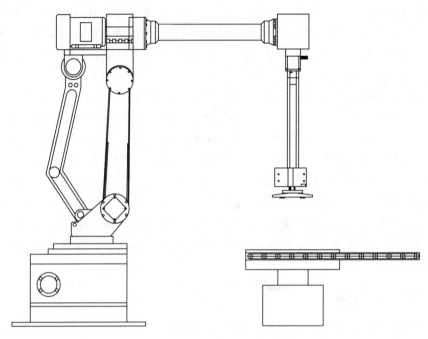

图 2-38 码垛机器人及检测装置

2.6.2.2 机器人吸盘工作原理

在使用过程中转臂的吸盘与预构件的表面接触，同时气缸启动，将两者之间的空气抽走，使两者接触面之间的气压小于外界大气压，此时预构件与吸盘牢牢地结合在一起，即可进行码垛。当吸盘与预制构件接触后，压簧会被压缩，此时吸盘会向上移动，利用压簧对其进行缓冲，防止其受损，从而延长吸盘的使用寿命。

码垛机器人及检测装置包括内部连接旋转电机的转动基座，旋转电机输出端连接第一驱动电机、第一连接臂一端，第一驱动电机输出端通过连臂连接二驱动电机一端，第一连接臂另一端铰接第二驱动电机中部，第二驱动电机输出端通过第二旋转臂连接第三驱动电机输入端，第三驱动电机连接垂直第二旋转臂的电动伸缩杆一端，电动伸缩杆另一端连接吸盘组件，还包括设置于地面上且位于吸盘组件底部的装置台，装置台上依次连接重力传感器、传送带机构；通过转动基座与连接杆、连臂以及驱动电机能够实现吸盘组件多个轴向的调整，对生产线上的预制构件的外形尺寸及是否出现裂纹进行有效的检测，极大地提高了预制构件的检测效率。

2.6.2.3 机器人 AI 识别技术

在预制构件的生产中，其外形尺寸主要是由构件模具来确定，虽然对预制构件的外形尺寸允许有一定的误差，但是所允许的误差是有一定范围的。因为预制构件一般是通过传送带运送到码垛机器人进行码垛，如果误差过大则会导致码垛的不稳定，且导致成品构件的质量不稳定。一般对于预制构件的检测，主要依靠工人随机抽查判断，该种方式存在识别效率低、准确性差等问题。为最大限度地保障工程质量和进度需要，生产线将先进的 AI 识别技术与码垛机器人相结合，在实现机器人全自动码垛的过程中同时实现 AI 自动监测和产品筛选，极大地提高了生产效率，同时也节省了抽样检测的成本费用。高清摄像头被安装在码垛机器人吸盘上方，在码垛机器人进行构件抓取前，通过高清摄像头记录构件外观，并通过机器视觉表面缺陷检测系统对预制构件的外形尺寸、是否出现裂纹等进行检测分析，判断构件是否合格，将不合格品和合格品分别码垛，并通过网络通信模块将数据传送至中控室信息平台，做出预警提示，并自动计算成品合格率。

通过高清工业相机拍照对比，精准定位，根据预设程序对预制构件进行码垛。通过视觉系统采集被测目标的相关数据，控制柜内置系统对采集的数据进行图像处理和数据分析，并将其传给机器人，机器人以接收到的数据指令为依据，进行码垛作业，码垛机器人作业过程如图2-39所示。

（a）抓取前　　　　（b）抓取时　　　　（c）码垛时

图2-39　码垛机器人作业过程

2.6.2.4　机器人控制程序

码垛机器人在生产线中承载着构件提升、移动、下降等各类作业，是整个生产线智能化程度的关键。在生产线中采用PLC对机器人进行控制，机器人的工作按照如下程序进行：手爪前伸→下降→吸取构件→上升→手爪后缩→移动→下降→防止构件→上升→整体达到复位位置，循环往复，实现对机器人移送构件的过程控制。码垛机器人控制程序之间的调用关系，如图2-40所示。

2.6.3　智能温控养护技术

目前混凝土养护大多采用蒸汽养护的方法，养护过程分为升温、恒温、降温三个阶段，在此过程中需要严格控制不同阶段的温度变化，及时协调温度与湿度。传统方法主要由管理人员每隔两个小时观测温度一次，并做好记录，在构件抗压强度达到要求后，由管理人员下发指令进行降温。由于受到管理人员自身或者外界因素的影响，容易导致构件保湿养护不到位。

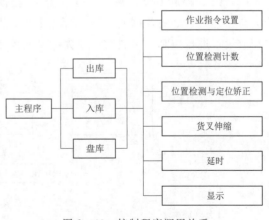

图2-40　控制程序调用关系

智能养护室内设置恒温恒湿控制系统，能够自动采集和上传温度、湿度、龄期、入库码垛数据，保证预制构件的养护时间及养护质量。

（1）红外线障碍感应器。通过感应探头能实现分区采集上传并统计预制构件入库数量，还可以自动调节蒸汽养护室内的温度、湿度，并对异常数据进行及时预警。预制构件通过传送系统自动出库，输送至自动升降拆垛机位置，对构件进行恒温恒湿养护，预制构件在智能蒸汽养护室保温保湿养护直到强度达到要求，其过程如图 2-41 所示。

|　(a) 入库　|　(b) 养护　|　(c) 出库　|

图 2-41　构件室内智能养护

（2）温湿度控制系统。智能温湿度控制系统中环境因素数据的收集主要由传感器完成，包括湿度传感器与温度传感器。湿度传感器的核心部分是湿敏元件，由基体、电极和感湿层组成。感湿层的湿敏元件为微型孔状结构，极易吸附周围空气中的水分子，并可随空气湿度变化而改变阻值。温度传感器由电阻丝绕在云母、石英、陶瓷、塑料、玻璃等绝缘骨架上的热电阻效应，经过固定，外加保护套管而形成，能够随温度变化而变化。温湿度传感器能够感受外界温湿度的变化，并通过物理或化学性质的变化，将温湿度的大小转化成电信号传送至 PLC 自动控制系统，进行温度和湿度的调控。

（3）PLC 控制系统。基于 PLC 的自动控制系统通过对监测到的环境数据进行分析，依据与预先设置好的数据上下限进行对比，如果数值比预定值更高或更低，则发出信号来对相应设备进行控制。以温度调控为例，其控制流程如图 2-42 所示。

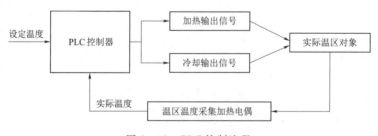

图 2-42　PLC 控制流程

2.6.4　自动喷淋养护技术

预制构件通常采用自然养护方式，即利用平均气温高于5C°的自然条件，对构件表面加以覆盖并进行人工浇水，使构件在一定的时间内保持混凝土水泥水化作用所需要的适当温度和湿度条件，正常增长强度。自然养护由于其简单易行、成本低廉而被广泛应用，但人工进行浇水通常无法满足养护的最佳条件，浇水量、间隔时间等均无法实现精确控制，因此存在很大的改进空间。室外自动喷淋养护技术采用液位传感器对蓄水箱内的水位进行检测，利用PLC技术进行信号读取并驱动水泵进行补水工作，能够确保储水量始终符合喷淋要求，保障喷淋作业的持续进行。自动喷淋控制系统利用时间继电器和PLC技术实现了上水、喷淋等过程的全自动化，实现了喷水量、喷水时间间隔等工作的精确控制，同时实现了喷淋全过程可控。

自动喷淋系统由蓄水箱、高扬程水泵、输水管、喷淋管、时间继电器等组成。蓄水箱主要用于储存喷淋用水，采用市场购置的成品水箱。水箱摆放于室外养护棚的固定位置，以保证不影响无人叉车的转运工作。水箱内标注有警戒水位线，同时内置液位传感器对水位进行检测，并由传感器芯片对检测到的信号进行处理。当水位下降至警戒水位线时，芯片输出相应的电信号并传输至PLC进行读取，随后PLC驱动水泵进行补水工作，从而确保蓄水箱水位始终符合喷淋需求，同时防止在缺水状态下工作时烧毁高扬程水泵造成喷淋系统失效。

（1）装置组成。预制构件自动喷淋养护装置包括底座和其下部的移动轮，底座上部还设置有水箱。水箱的左右两侧对称设置有支撑桁架，底座后端在与水箱连接的中间部位设置有水泵和水分流器；水分流器连接有抽水管路和出水分流管路，抽水管路的一端与水分流器连接，抽水管路的另一端设置在水箱内；由水分流器引出的出水分流管路共两根，两根出水分流管路的另一端分别沿支撑桁架的两端对称设置，出水分流管路的端部均连接有喷头；喷头处设置有物体识别传感器，位于底座的水箱上设置有控制器、温湿度传感器和红外线障碍感应器。

（2）喷淋系统材质。喷淋系统中采用的高扬程水泵具有长时间、反复开关工作的耐久性，以保证在反复开关及长时间工作时的可靠性，防止由于水泵的性能不稳定而影响整个喷淋系统的效果。喷淋支架系统采用钢管及钢筋制作，水管及喷头直接固定于支架上。输水管采用PVC管，连接水泵与喷淋管。喷淋管也采用PVC管制作，其上安装喷头，喷头位置交错布置，以保证成品预制构件全部被喷头喷出的水花所覆盖且有重叠，以此达到充分养护的目的。

（3）自动喷淋控制系统。自动喷淋控制系统由时间继电器及电磁开关组成，满足高频率开关状态下的稳定性和可靠性，如图2-43所示。继电器的时间间隔具有可调性，将继电器接入PLC后，由管理人员依据室外养护现场的温度直接在管理系统中进行设置，通常，高温时段一般设置30min喷淋一次，常温时段一般设置60min喷淋一次，确保构件得到充分养护。

设定时间继电器的时间间隔和持续时间后，启动喷淋系统电源，喷淋系统即进入工作状态。继电器到达设定的喷淋间隔时间时自动接通水泵开关，高扬程水泵从蓄水箱内抽水送至输水管内，输水管连接环形喷淋管道，此时喷淋管喷头对预制构件进行喷淋洒水，喷水时间达到预定时间后，时间继电器关闭水泵开关，停止喷水。

图 2-43 自动喷淋养护装置

2.7 本章小结

本章以某建设工程预制构件生产线为例，采用生产线平衡理论对预制构件生产线流程进行设计，利用 BIM 技术结合数字孪生技术对生产线布局进行设计，初步确定布局方案。综合现代信息技术实现生产线的自动化，对其预制构件自动化加工、自动化转运、自动化回流和智能管控等关键技术进行分析。

第 3 章

预制构件自动化生产线仿真模型

采用 Plant Simulation 软件对第 2 章设计的预制构件自动化生产线进行仿真，建立预制构件自动化生产线仿真模型，通过对模型进行仿真和优化，提高预制构件生产效率。

3.1 预制构件生产线仿真软件

计算机仿真软件主要功能包括建立仿真模型、存储仿真数据和分析仿真结果等。仿真模型的建立能够模拟现实世界中各种活动的复杂程度，从而更好地模拟实际情况，因此广泛应用到很多领域。此外，仿真软件还可以用来模拟和分析不同的实验条件，以预测实验结果，从而帮助设计者更好地把握实验的关键数据。

随着信息技术的飞速发展，近几年，计算机仿真软件发展迅速，功能也呈现多样化特征。当前仿真软件主要包括 Plant Simulation、AutoMod 和 FlexSim 等，软件用户界面与传统模式相比更直观，兼具二维、三维不同维度的动态显示效果，便于对整个仿真过程进行实时追踪与动态分析。这些仿真软件包含内置化编程语言，操作起来相对简单，对初学者的软件编程及应用能力没有过多要求，因此，研究人员可以把主要时间花在仿真模型的构建和仿真结果的分析上，能够发现预制构件生产过程中存在的问题并及时进行反馈，从而提高模拟仿真效率。

Plant Simulation 软件对离散事件具有较好的动态模拟效果，相比其他仿真软件，该软件采用面向对象的建模方法，使得仿真过程更加灵活，操作更加便利[91]。

3.1.1　建模软件特点

Plant Simulation 具有软件易用性、灵活性与开放性相互关系等特征，使得模型更加贴近实际生产过程，具有良好的可扩展性与可移植性。从易用性来看，Plant Simulation 提供了大量类库，软件界面简单明了，让模型建立变得更加简单便捷；从灵活性来看，可使用 Sim Talk 语言开发 Method 程序，用来控制模型中各类装置的行为逻辑；从开放性来看，支持不同类型设备间数据传递与共享，可直接用 C 语言编写模型程序。为了提高可扩展性，该软件采用面向对象的方法对模型库进行设计，并将每个子模块划分为若干个对象类，利用软件内置的 SimTalk 语言编程方法进行自定义属性或动作控制。此外，该仿真软件还集成了遗传算法、瓶颈分析、仿真实验管理器等多个功能模块，极大地提升了软件的建模效率。

Plant Simulation 软件应用界面如图 3−1 所示，其功能模块主要分为主页、调试程序、窗口、常规、图标、矢量图、工具箱等。

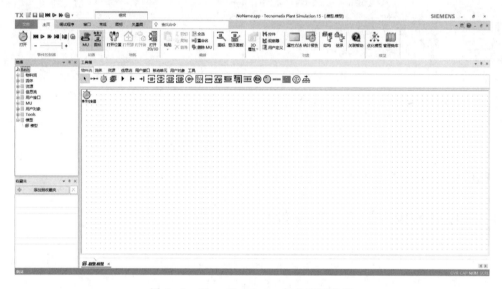

图 3−1　Plant Simulation 软件应用界面

Plant Simulation 仿真软件的主要特点如下：

（1）交互式的工作环境。Plant Simulation 的基本建模单元是对象，包含属性与方法，从而形成单独的实体单位，不同对象可以利用访问接口来进行交互连接。

（2）模块化的建模单元。Plant Simulation 的建模单元丰富，能够满足对实际工程的建模需求。通常，建模单元的基本对象能够实现系统建模，而且软件中的 Sim Talk 语言能够对模型进行精细化调控。为提高模型的仿真效率，该软件提供了仿真分析功能模块，例如，实验管理器、统计分析工具等，这些仿真分析功能能够直接导入，用户仅需按照制造系统的实际生产数据设定参数，操作简单便捷。

（3）层次化结构。Plant Simulation 采用分层次建模思想，使复杂系统建模简单化。在主框架中可对建模对象进行分组，并通过内置对象或设计对象构建层次结构模型。

（4）可随时优化工作环境。在 Plant Simulation 中，建模与仿真彼此独立。在进行模拟操作时，使用者可根据需要随时对模型进行改进和修正，而在优化模型之后，仍然可以观测到实时仿真过程，因此能够有效提升建模和仿真效率。

（5）3D 效果。Plant Simulation 能够对系统进行二维及三维仿真建模，增强了系统的模拟仿真效果。

3.1.2　软件基本对象

在进行预制构件仿真建模时，需要用到大量不同种类的对象，通过在对象之间建立物质流连接便可建立仿真模型。按照功能可将建模对象划分如下：

（1）物料流对象。物料流对象可以通过属性设置修改对象参数，根据不同需求可将其划分为框架和控制类对象、生产类对象、运输类对象、资源类对象四类。其中，框架和控制类对象能够对系统对象进行分组建模及模型转换，且能够控制系统仿真运行；生产类对象可分为加工类和存储类对象，加工类对象是对物料进行加工处理的生产工位，存储类设备对象是对生产过程中模具、半成品或成品进行储存的工位；运输类对象是传输生产部件的对象，其自身有传输速度，可用于物料流工位之间零件或容器的传输；资源类对象能够模拟工人搬运货物场景，并且能够对工人所做的工作及数量进行控制和排班。物料流对象及其功能见表 3-1。

表 3-1　　　　　　　　　　　物料流对象及其功能

对象图标	对象名	主要功能
	Even Controller	仿真开始、结束控制
	Connector	连接物流对象
	Source	产生移动单元
	Drain	回收移动单元
	Single Proc	单工位工站
	Parallel Proc	并行工位工站
	Assemble	组装工位
	Disassemble	拆卸工位
	Buffer	缓冲区、暂存区

续表

对象图标	对象名	主要功能
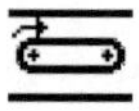	Line	轨道
	Track	单车道路线（不允许错车）
	Worker Place	工作区
	Foot Path	工人行走路径
	Worker Pool	工人池
	Worker	工人
	Broker	资源调度者
	Shift Calendar	日程表

（2）信息流对象。信息流对象为提供和控制信息的对象，其主要对象及对应功能见表 3-2。

表 3-2　　　　　　　　　　　　　信息流对象及其功能

对象图标	对象名	主要功能
 M	Method	控制系统活动，由 Sim Talk 程序构成
 n=1	Variable	全局变量，在系统中传递信息
	Table File	提供信息或记录结果

（3）用户界面对象。用户界面对象是连接仿真模型与用户的桥梁，可以向用户提供仿真模型信息，对仿真过程进行控制，其主要对象及对应功能见表 3-3。

表 3-3　　　　　　　　　　　　　用户界面对象及其功能

对象图标	对象名	主要功能
	Comment	撰写备注说明
 9.86	Gauge	以文本、条柱图或者饼图方式显示某项数据

对象图标	对象名	主要功能
	Chart	形成各种类型的图
	Report	形成 HTML 格式的仿真统计报告
	Dialog	仿真过程中和用户交互的对话窗口

（4）移动单元类对象。移动单元类对象为活跃可移动单元，能够装载运输实体零件及容器，其对象及对应功能见表 3-4。

表 3-4   移动单元对象及其功能

对象图标	对象名	主要功能
	Entity	指系统中的构件、被处理对象
	Container	指构件等容器，比如箱子等
	Transporter	指运输设备，比如叉车及汽车等

3.2 生产线仿真模型建立

在第 2 章设计的预制构件自动化生产线基础上，本节基于 Plant Simulation 建立预制构件自动化生产线三维仿真模型，确定工位、班次和控制方法等模型参数，并对模型可靠性进行验证，为生产线问题分析与优化奠定基础[92]。

3.2.1 建模目标

预制构件生产属于循环式生产，从整体上看，预制构件生产系统仿真模型是为了优化预制构件生产流程，从而使得整个生产系统更加合理。

为便于后续优化过程中收集和分析数据，在构建仿真模型时，应符合下列条件：

（1）模型能反映生产线的实际生产状况。

（2）各设备布局与实际生产线相符。

（3）模型生产时间与实际相同。

（4）模型能持续且稳定运行。

（5）去除对模拟效果没有影响的部分，对模型进行合理地简化。

为了解决预制构件生产线存在的问题，对预制构件生产线进行建模及优化，方法如下：

（1）针对预制构件加工过程中、每道工序处理时间和实际生产状况，利用 Plant Simulation 对生产线进行建模，通过运行软件及模拟仿真分析，找到瓶颈工位。

（2）针对生产线瓶颈工位，设计仿真实验，通过改善设备利用率、生产节拍等方式对模型进行优化，并验证其优化程度，确定最优策略并对生产线进行优化，以减少生产线堵塞、等待时间过长等问题，提高设备利用率。

（3）分析优化前和优化后生产线的运行情况，并验证其优化效果。

（4）优化不同类型构件订单的排产序列，减少预制构件总的生产与加工时间，节约成本。

3.2.2　建模流程

根据预制构件生产线实际情况，建立生产线仿真模型。仿真建模流程包括准备、仿真建模和分析优化三个阶段，具体流程如图 3-2 所示。

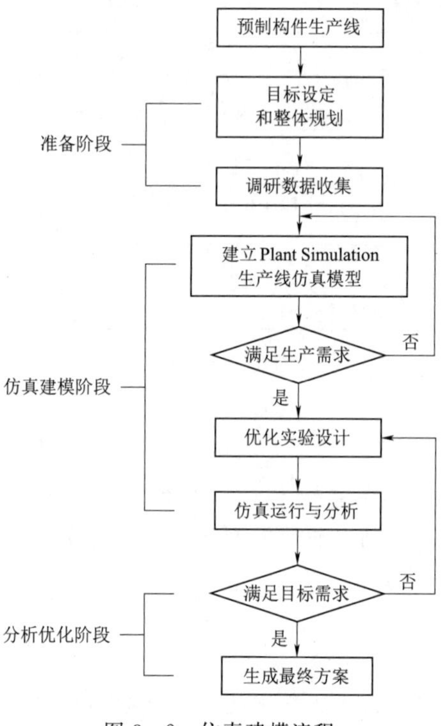

图 3-2　仿真建模流程

（1）准备阶段。仿真建模的前期工作可划分为对生产线进行目标设定与整体规划，以及实地调研资料采集等。其中，生产目标是指需通过仿真来求解的问题或所要实现的目标，整体规划指针对目前仿真项目的参与者数量、研究对象、研究成本以及各阶段需要的时间和预期成果等进行规划，建模前需要对生产线进行考察和数据收集。对预制构件生产线进行建模和仿真优化，需要将采集到的数据按照一定格式转换成可利用的数据，因此，所收集数据的精度对于模拟仿真的效果有很大影响。

（2）仿真建模阶段。仿真建模阶段根据预制构件生产线的实际场地布置原则与生产状况，利用 Plant Simulation 软件对生产线进行建模。通过运行仿真模型并分析仿真结果，对生产设备数量及布局、加工参数和资源约束等进行响应和调整，最终得到预制构件生产线仿真模型，通过模型可对预制构件生产线生产能力进行虚拟映射，通过仿真模型分析可以预测生产线是否能够满足订单需求。

（3）分析优化阶段。在分析优化阶段，主要是运行仿真模型对生产过程进行模拟，并将仿真运行的结果记录下来，从而获得各个加工设备的运行状态、运行时间等信息。基于生产线平衡理论对仿真结果进行分析，找到生产过程中存在的问题及瓶颈工位，并提出相应的改进措施。再次运行仿真模型并对仿真结果进行分析，若未达到优化目标需对生产线进行多次优化，以获得最优的生产线仿真模型。若经过模拟仿真后，模拟结果得到了较大的改善，从而可根据模拟的策略方法改善已有的生产现场。

3.2.3 模型建立

Plant Simulation 仿真模型以对象为基本要素，通常由物料流、流体、资源、信息流、用户接口、移动单元、用户对象和工具等组成，其中，物流对象分为生产类、传输类、存储类、控制类等。在分析物流对象特点的基础上，提出一种基于面向对象的物流对象建模与实现方法，预制构件的生产设备、物料存储区、成品堆放区、养护区、成品输送装置等都能以物流对象来表达。结合预制构件的生产工艺流程，按照作业顺序在 Plant Simulation 软件中建立相应的生产对象，并在对象之间建立物质流连接，建立生产线仿真模型。预制构件生产线在建模中涉及的对象见表 3-5。

表 3-5 仿真模型元素

类 型	元素名称	数量
Source	钢筋源；混凝土源；模具盒源；货架源；叉车源	5
Single Proc	钢筋调直、焊接；振动抹平；翻转；振动脱模；清洗；翻转2；喷涂；总控室	8
Transfer Station	钢筋抓取；混凝土布料；升降码垛；机器人码垛	4
Disassemble	升降拆垛；模具盒抓取；卸载	3
Worker Pool	工人池	1
Drain	喷淋养护；物料终结	2
Line	传送器1-14	14
Track	轨道1-2；人行通道	3
Rack Lane	巷道堆垛机及仓库1-6	6
Even Controller	事件控制器	1
Shift Calendar	班次日历	1
Chart	资源统计图表	1
Broker	协调器	1
Bottleneck Analyzer	瓶颈分析器	1
Warehouse Management System	仓库管理系统	1
User Set Target	用户设定目标	1

（1）准备工作。打开 Plant Simulation 仿真软件，在类库的 Basis 中新建名为"预制构件生产线"文件夹，用于代表整个仿真系统的主体框架。在主框架内添加建模所需物料对象，添加两个"零件"分别命名为"钢筋""混凝土"；添加"容器"命名为"模具盒"；添加两个"小车"分别命名为"叉车""货架"，如图 3-3 所示。

（2）建立预制构件生产线仿真模型。预制构件生产线由多道工序按先后顺序加工串联而成，从对钢筋的调直、焊接开始，在之后的每一道工序依次进行生产加工，最后将生产完成的预制构件送至喷淋养护区进行养护。根据预制构件生产的工艺流程和生产设备的基本布局建立生产线仿真模型，在"管理类库—库—标准库—免费"中打开生产对象，并在"预制构件生产线"模型层中插入物料源、工位、装配工位、拆卸工位、传送器、轨道以

图 3-3 仿真模型文件总览

及物料终结等生产对象，每两个生产对象之间用"连接器"连接起来，采用环型布局建立仿真模型，其包含一条生产线和一条输送线。根据预制构件生产线的整体工艺流程，设定建模目标和仿真模型参数，通过分析仿真模型的运行情况，对生产线模型进行多次调试，从而建立预制构件生产线基础仿真模型，如图 3-4 所示。

3.2.4 模型参数

在建立基础仿真模型后，需要设置模型参数。结合实际调研采集到的生产线数据，设定各模型对象参数，以便能够尽可能符合实际生产线的生产状况，提高模型仿真结果的可靠性。Plant Simulation 软件的建模仿真功能完善，多数参数能够在对象中直接设定，部分自定义功能也使用 Sim Talk 语言进行 Method 方法编写实现。

（1）工位参数设置。以钢筋调直、焊接工序为例，处理时间为钢筋调直焊接机对钢筋原材进行调直、焊接的加工时间，如图 3-5（a）所示，各设备的处理时间如表 2-2 中的加工时间，考虑到生产设备不可能一直运转，因此需要设置设备故障率，设备的可用性和故障的平均修复时间（Mean Time To Repair，MTTR）设置如图 3-5（b）所示。

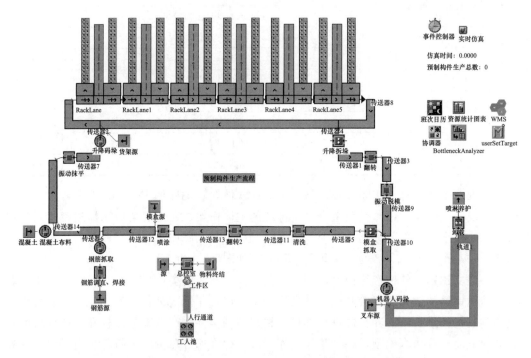

图 3-4 基于 Plant Simulation 的预制构件生产线仿真模型

(a) 设备处理时间

(b) 设备利用率

图 3-5 工位参数设置

（2）班次参数设置。为满足预制构件的生产计划，安排两班职工交替上班，每班次8h，其间各设备不间断地运转，职工可在各自休息时间分批吃饭、活动，在班次日历中编辑的开始和结束时间即为工人的上班和休息的具体时间，设置的参数如图 3-6 所示。

（3）Method 控制方法设定。预制构件生产线仿真模型中设置多个 Method 对象，通过Sim Talk 语言用程序控制模型中生产对象的启动和动作等，并在模拟运行期间执行工厂模拟。在 Method 中也可通过软件内置方法、关键字、任务和控制结构的组合来构建自己的程序，编写模板以供使用。从钢筋抓取、混凝土布料，到模具盒抓取、机器人码垛和成品输送至室外养护区，都需要通过 Method 调控，可以通过编写定义方法对对象的行为进行修改，以使构建的预制构件生产线模型满足需求。

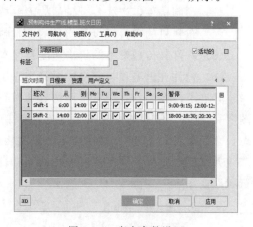

图 3-6 班次参数设置

3.2.5 模型验证

在进行模型运行和分析之前，需要对仿真模型参数进行验证。通过可靠性验证的仿真模型能够准确反映出实际生产系统各个设备之间的逻辑关系和模型与生产设备之间参数的数量关系等，从而确保仿真模型能够对实际生产状态进行实时、动态映射。

由于预制构件在生产过程中需要进行恒温养护 8h，与生产线上其他设备加工时间差距较大，且养护室可通过中控室的控制系统使构件按需出入，因此，将温控养护室视为独立装置，在优化过程中不考虑其对生产线的影响，如图 3-7 所示。

预制构件生产线的工艺流程较为复杂，在实际生产环境下进行布料、振捣、拆模等工艺可能存在较大误差，而在仿真建模中，如果考虑全部生产要素，则可能对仿真目标及结果造成一定的影响。因此，要根据预制构件的生产特征对生产线进行适当简化，并根据软

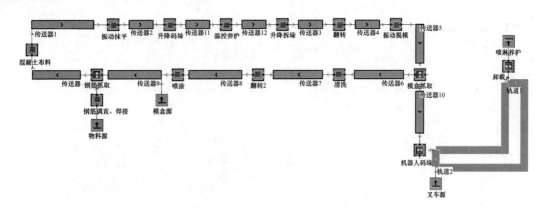

图 3-7 预制构件生产线仿真模型

件所具备的理想化特征确保仿真建模的有效性。在运行生产线仿真模型前，提出以下假设：

（1）模型运行之前全部生产物料处于待生产状态，全部设备处于闲置状态。

（2）设置足够的模具盒、混凝土及钢筋等物料源数量，避免生产线因物料缺乏而引起堵塞，进而出现停滞或者卡顿的情况。

（3）预制构件生产线各设备的故障率按设定的参数随机发生。

（4）布料机的布料流量是均匀的，布料速度为匀速。

（5）构件在传送带上的传输速度及叉车运输速度恒定。

（6）构件在恒温养护室中遵循先进先出原则。

开启事件控制器并设定模型仿真结束时间为预制构件的总生产用时 16h，具体设置如图 3-8 所示。设置仿真时间后切换到控件页面，单击 Reset 复位，使模型处于生产初始状态，之后单击开始/停止操作按钮，预制构件生产系统仿真模型开始运行，物料源进入生产线并按照设定生产顺序依次进行加工，直至全部加工工序结束后流入物料终结。模型运行状态如图 3-9 所示。

（a）设置 　　　　　　　　　　　　（b）控件

图 3-8 模型仿真运行设置

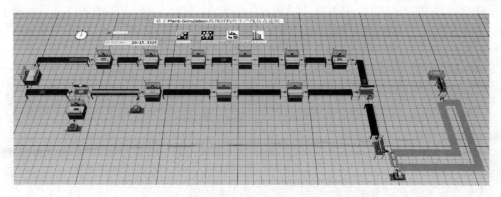

图 3-9　预制构件生产线仿真模型运行状态

　　模型验证的方式主要分为两类：一是模型建立初期分别验证各设备连接、生产顺序、层次结构等，验证与实际生产相符情况，再把各个模块关联起来，构成一个能反映预制构件真实生产状态的仿真系统；二是在构建模型中输入生产数据并运行仿真模型，将输出结果与实际生产情况进行对比分析，验证其仿真结果是否与实际生产相符。由于生产线实际生产和模拟生产都是动态系统，其输出结果会随着生产数据变化而发生变化。为了能够真实地反映出仿真模型的有效性和正确性，必须进行模型验证工作，且模型验证要在确保同样输入前提下，输出结果相同或差异很小。采用以下式子对生产线模拟仿真产量和实际产量之间的相关性进行验证：

$$r = \frac{\sum (X_i - \overline{X})(Y_i - \overline{Y})}{\sqrt{\left[\sum (X_i - \overline{X})^2 \sum (Y_i - \overline{Y})^2\right]}} \qquad (3-1)$$

式中：X 为生产线每天的实际产出；Y 为模型模拟仿真产量，对照情况见表 3-6；r 为相关系数。

表 3-6　　　　　　　　　　　　　　　实际产量与模拟产量对照

序号	实际产量 X	模拟仿真产量 Y	序号	实际产量 X	模拟仿真产量 Y
1	465	459	12	469	474
2	476	481	13	487	476
3	468	462	14	467	477
4	453	447	15	465	468
5	488	486	16	479	471
6	485	479	17	464	481
7	475	480	18	477	484
8	458	465	19	456	451
9	490	489	20	468	476
10	466	471	21	473	478
11	470	467	22	482	476

序号	实际产量 X	模拟仿真产量 Y	序号	实际产量 X	模拟仿真产量 Y
23	474	483	27	469	471
24	480	472	28	476	472
25	478	475	29	457	465
26	472	476	30	468	470

将表 3-6 中数据代入公式中进行计算，得到相关系数 $r=0.748$，查阅相关系数划分标准，见表 3-7，$r=0.748>0.7$，表明 X 和 Y 为高度相关关系，即模拟产量符合实际产量，从而验证了仿真模型的可靠性。

表 3-7　　　　　　　　　　　　相关系数的划分标准

相关系数 $|r|$	0~0.2	0.2~0.4	0.4~0.7	0.7~1.0
相关程度	极弱相关	弱相关	显著相关	强相关

3.3　生产线仿真模型分析

基于建立的预制构件生产线仿真模型，本节根据生产线各设备工作数据对其进行优化，并对优化后的生产线平衡损失率和生产线瓶颈进行分析。

3.3.1　仿真模型运行

预制构件生产线仿真模型在初始状态为静止等待，物料源处于待上料状态，各设备及传送带也待运行，当启动仿真模型运行或达到设定时间时，模型开始运行并收集仿真数据，通过对实时生产数据进行分析，找出构件生产过程中存在的问题，对生产线进行仿真优化，并提出修改措施[93]。在达到设定时间时模型自动停止运行，各设备的生产信息也将记录在资源统计表中，如图 3-10 为预制构件生产线不同设备工作状态统计结果，能够反映出各设备的工作、设置、等待、已阻塞、失败、已暂停等情况在整个生产过程中所占的比例。

预制构件生产线各设备具体的工作状态数据见表 3-8。

表 3-8　　　　　　　　　　　　各设备工作状态数据

设　备	工作中/%	等待中/%	已堵塞/%	已中断/%
钢筋调直、焊接	60.96	0.00	36.80	2.24
钢筋抓取	34.76	5.11	57.85	2.28
混凝土布料	25.31	3.14	69.59	1.96
振动抹平	97.41	0.53	0.00	2.06
升降码垛	48.59	50.29	0.00	1.11
升降拆垛	48.44	49.40	0.00	2.16

续表

设 备	工作中/%	等待中/%	已堵塞/%	已中断/%
翻转模具盒	18.84	79.08	0.00	2.08
振动脱模	21.49	76.74	0.00	1.77
模具盒抓取	32.19	64.92	0.00	2.89
模具清洗	10.73	87.35	0.00	1.92
模具翻转	18.72	79.86	0.00	1.42
模具喷涂	21.18	2.01	74.53	2.28
机器人码垛	35.42	62.97	0.00	1.62
卸载	34.96	62.90	0.00	2.15

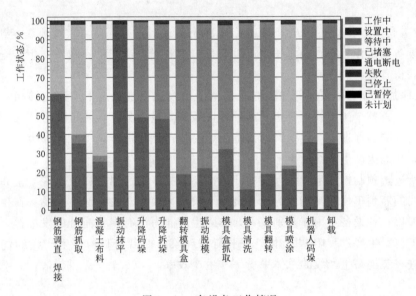

图 3-10　各设备工作情况

3.3.2　模型结果分析

（1）生产线平衡评估结果分析。根据式（2-6）和式（2-7）可得：

生产线平衡率 $E=\dfrac{W}{n\times CT}\times100\%=\dfrac{1600}{14\times180}=63.49\%$；

生产线平衡损失率 $d=\dfrac{n\times CT-W}{n\times CT}\times100\%=\dfrac{14\times180-1600}{14\times180}\times100\%=36.51\%$；

根据表 2-1 的评价标准，该生产线平衡损失率为 36.51%，其生产平衡率有待进一步提高。

（2）生产线仿真结果分析。在运行仿真模型前，利用部分因子设计方法，能够得出生产节拍是影响输出仿真结果的最重要因素[94]。在此基础上，对预制构件生产线的仿真结果进行详细分析。从设备工作情况图 3－10 中可知：升降码垛、升降拆垛、翻转模具盒、振动脱模、模具盒抓取、模具清洗、模具翻转、机器人码垛和卸载设备的等待时间以及钢筋调直、焊接、钢筋抓取、混凝土布料和喷涂设备的堵塞时间较长。通过对预制构件生产情况进行分析可知，混凝土布料设备堵塞时间较长，是因为后一工位需要进行混凝土的振动抹平，该工序工作时间较长，容易造成拥堵，可以考虑增加振动抹平设备进行优化。而后续设备等待时间较长且设备利用率较低，可以考虑将工位进行重组。由于喷涂设备堵塞时间较长，且下一工位连接钢筋抓取设备，使该设备堵塞时间也较长，可以考虑在喷涂设备附近增加缓冲区，增加模具盒存放区解决此问题。

根据预制构件生产线的生产特点，从以下三个方面对生产线的瓶颈进行分析：

1）在制品数量。工位上半成品堆积数量越多，表明工位上的设备一直处于工作状态且加工能力越差，该现象还会对后续工位的设备加工造成影响，进而使整个生产线的生产效率和产能降低。由于在制品数量通过仿真较难统计，因此通过工位的等待率和阻塞率进行分析。

2）设备利用率。利用 Plant Simulation 的资源统计信息模块可直观地观察到生产线在运行时各设备的工作状态，通过图表可以明显看出各设备不同工作状态在生产全过程中的占比，以获得各设备利用率。

3）工序加工能力。工序的加工能力是指生产线在稳定状态下工序能够稳定加工产品的能力，其考查整个生产线上每道工序的生产效率，进而分析各工位的生产序列是否为最佳状态，是否能够保证生产线生产的前提下，对生产序列进行调整、添加生产设备或合并生产工序，从而提高生产线的生产效率。

综上所述，预制构件生产线存在的问题主要包括：钢筋网片抓取、混凝土布料阶段是整条生产线的瓶颈工位，其工位的设备负荷率较高；模具盒脱模剂喷涂设备在生产过程中出现阻塞现象；各设备利用率差别较大，实际生产能力没有得到充分的发挥等。因此，下文就瓶颈工位、生产过程阻塞及生产不平衡等现象，提出预制构件生产线的优化改进方案，以便进一步提高生产线的总体平衡率和生产效率。

3.4 生产线仿真模型优化

动态系统的计算机仿真优化与传统的生产系统设备优化存在很多不同，传统生产系统的优化问题通常难以解决且可能没有解析解，同时，在求解过程中采用的很多方法也存在局限性，例如，求解过程复杂、求解速度慢，无法满足优化需求。因此，如何对连续时间动态系统进行有效模拟仿真优化成为研究热点，采用 Plant Simulation 软件对预制构件生产线进行优化设计，通过瓶颈分析、资源信息统计、仿真实验、遗传算法等功能对模型结果进行分析，提出优化策略对模型进行优化[95]。

仿真结果分析表明：该生产线存在由于各设备利用率不同而导致的生产不平衡现象，且阻塞情况较为普遍。在实际生产过程中，由于各工位的加工生产时间差异较大导致了设备之间的相互干扰，最终导致整个生产线的运行效率低下。针对这些问题，根据生产线特点提出优化改进策略，从不同角度改善生产瓶颈，尽可能平衡且提高整体生产效率，达到优化生产线的目的[96]。

3.4.1　优化策略与结果

通过对生产线各设备利用率进行分析，如果要提高生产线平衡率，需改进优化生产工序，以达到提高产量、减少时间浪费和降低加工成本的目的。可从以下几方面考虑：

(1) 添加瓶颈工序平行生产设备，以减轻工序生产压力，实现工位间生产均衡。

(2) 增设缓冲区或调整缓冲区容量。

(3) 调整原料的上料时间间隔，保证及时供应。

(4) 通过工位重组使各工序的设备利用率区域一致，提高产能。

因此，该生产线的仿真优化可转化为：在符合生产条件的前提下，降低生产堵塞，确保各工序的生产加工时间与生产节拍尽量相近[97]。根据模型仿真分析结果提出以下优化方案。

3.4.1.1　增设工位

由图 3-10 可知：预制构件生产线前三个工位存在堵塞现象，结合预制构件的生产特点可知，是由于下一工序振动抹平设备运行时间较长，造成了半成品的堆积，形成堵塞，影响生产线的运行效率。因此，针对预制构件生产线，在振动抹平工序平行位置增加一个振动抹平设备，对堵塞现象进行缓解，优化后仿真模型如图 3-11 所示。

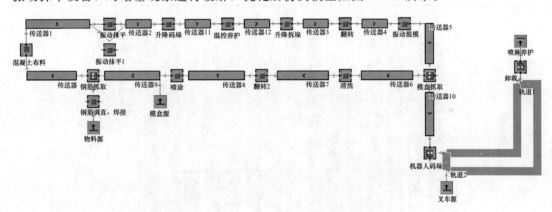

图 3-11　增设工位后的仿真模型

将生产线仿真模型运行 16h，得到结果如图 3-12 所示。

从设备工作情况对比表 3-9 可以看出，前三个工位的堵塞现象得到了明显的改善。

表 3-9　　　　　　　　　　　　优化前后设备工作情况对比　　　　　　　　　　　　%

设　　备	优　化　前				优　化　后			
	工作中	等待中	已堵塞	已中断	工作中	等待中	已堵塞	已中断
钢筋调直、焊接	60.96	0.00	36.80	2.24	96.76	0.00	0.99	2.24
钢筋抓取	34.76	5.11	57.85	2.28	55.21	42.51	0.00	2.28
混凝土布料	25.31	3.14	69.59	1.96	41.33	56.72	0.00	1.96
振动抹平	97.41	0.53	0.00	2.06	82.19	15.75	0.00	2.06

续表

设　备	优 化 前				优 化 后			
	工作中	等待中	已堵塞	已中断	工作中	等待中	已堵塞	已中断
振动抹平 1	—	—	—	—	82.72	16.23	0.00	1.06
升降码垛	48.59	50.29	0.00	1.11	82.18	16.71	0.00	1.11
升降拆垛	48.44	49.40	0.00	2.16	81.97	15.86	0.00	2.16
翻转模具盒	18.84	79.08	0.00	2.08	31.84	66.08	0.00	2.08
振动脱模	21.49	76.74	0.00	1.77	36.32	61.92	0.00	1.77
模具盒抓取	32.19	64.92	0.00	2.89	54.41	42.70	0.00	2.89
模具清洗	10.73	87.35	0.00	1.92	18.13	26.03	53.93	1.92
模具翻转	18.72	79.86	0.00	1.42	31.15	3.71	63.72	1.42
模具喷涂	21.18	2.01	74.53	2.28	34.83	1.81	61.09	2.28
机器人码垛	35.42	62.97	0.00	1.62	59.91	38.47	0.00	1.62
卸载	34.96	62.90	0.00	2.15	59.49	38.37	0.00	2.15

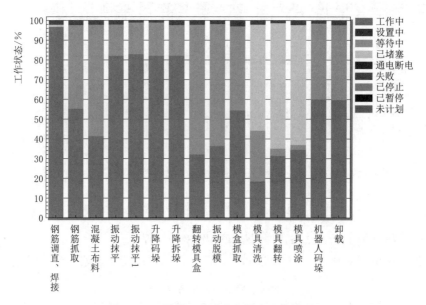

图 3-12　增设工位后的各设备工作情况

3.4.1.2　增设缓冲区、调节上料间隔

由图 3-12 可知：模具清洗、翻转和喷涂设备的阻塞现象较为严重，这是由于钢筋调直、焊接设备始终处于生产状态，不能及时处理上一工位输送的需清洗、喷涂的模具盒，导致模具盒堆积，进而影响生产线的生产效率。如果增设钢筋调直、焊接装备，则会出现前三个工位发生堵塞的现象。因此，可通过增设缓存区用来储存前一工位传输的模具盒，

进而减轻阻塞现象，且钢筋调直、焊接设备使用率过高，可在满足生产需求的情况下调节上料间隔。优化后仿真模型如图 3-13 所示。

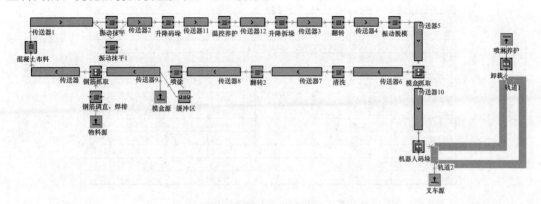

图 3-13　增设缓冲区、调节上料间隔后的仿真模型

利用软件中实验管理功能对象进行实验设计，研究影响因素变化对预制构件生产的影响，该测试方法适用于单因素存在、多因素共存的情况。将影响预制构件产量的因素作为自变量进行试验，且由于每个因素具有多个水平值，因此每个值的变化都会产生不同结果值，定义预制构件的产量作为该试验的因变量，设置如图 3-14 所示。

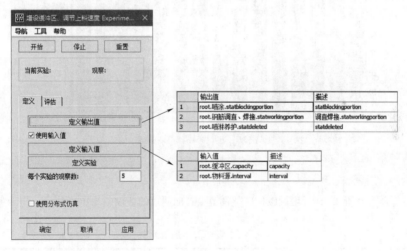

图 3-14　实验管理器定义设置

为保证仿真实验符合实际生产，设置实验观察数为 5，置信度为 95%，实验输出设置为喷涂装备的堵塞率、钢筋调直、焊接装备的使用率和总生产量，输入设置为缓冲区的容量和物料源的上料间隔。运行仿真实验，结果如图 3-15 所示。

结合图 3-15 统计分析，当缓冲区容量为 24、上料间隔为 2∶15 时既能够缓解工序的堵塞现象，又能够在生产线产量下降较少的情况下缓解钢筋调直、焊接装备的使用率。将缓冲区容量和上料间隔重新设置后进行模拟仿真，得到各设备工作情况如图 3-16 所示。

通过设备工作情况对比表 3-10 可以看出，工位的堵塞现象得到了明显的改善且在满足生产需求的情况下降低钢筋调直、焊接设备使用率。

	capacity	interval	statblockingportion	statdeleted	调直焊接.statworkingportion
Exp 01	23	2:00.0000	0.000286841118246236	433.2	0.823129340996166
Exp 02	23	2:05.0000	0.000611619298954609	424.8	0.809877523457981
Exp 03	23	2:10.0000	0.00202637437800587	412.8	0.785653074985683
Exp 04	23	2:15.0000	0.00502079457749775	400.8	0.763092726098402
Exp 05	23	2:20.0000	0.00894709940868588	386.4	0.739422970512239
Exp 06	24	2:00.0000	0	433.2	0.823129340996166
Exp 07	24	2:05.0000	0	424.8	0.809877523457981
Exp 08	24	2:10.0000	0	412.8	0.785653074985683
Exp 09	24	2:15.0000	0	400.8	0.763092726098402
Exp 10	24	2:20.0000	2.3314796611765e-05	386.4	0.739422970512239
Exp 11	25	2:00.0000	0	433.2	0.823129340996166
Exp 12	25	2:05.0000	0	424.8	0.809877523457981
Exp 13	25	2:10.0000	0	412.8	0.785653074985683
Exp 14	25	2:15.0000	0	400.8	0.763092726098402
Exp 15	25	2:20.0000	0	386.4	0.739422970512239

图 3-15　仿真实验统计分析

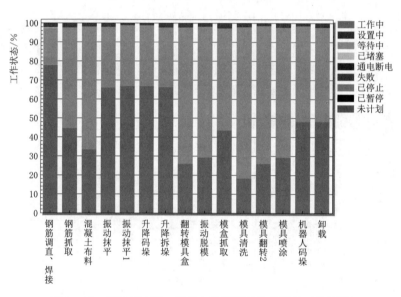

图 3-16　增设缓冲区、调节上料间隔后的各设备工作情况

表 3-10　　　　　　　　　　　　优化前后设备工作情况对比　　　　　　　　　　　　%

设 备	优 化 前				优 化 后			
	工作中	等待中	已堵塞	已中断	工作中	等待中	已堵塞	已中断
钢筋调直、焊接	96.76	0.00	0.99	2.24	77.81	19.41	0.53	2.24
钢筋抓取	55.21	42.51	0.00	2.28	44.38	53.35	0.00	2.28
混凝土布料	41.33	56.72	0.00	1.96	33.24	64.80	0.00	1.96
振动抹平	82.19	15.75	0.00	2.06	65.94	32.00	0.00	2.06
振动抹平 1	82.72	16.23	0.00	1.06	66.56	32.38	0.00	1.06
升降码垛	82.18	16.71	0.00	1.11	66.14	32.75	0.00	1.11
升降拆垛	81.97	15.86	0.00	2.16	65.99	31.84	0.00	2.16

续表

设备	优化前				优化后			
	工作中	等待中	已堵塞	已中断	工作中	等待中	已堵塞	已中断
翻转模具盒	31.84	66.08	0.00	2.08	25.61	72.31	0.00	2.08
振动脱模	36.32	61.92	0.00	1.77	29.24	69.00	0.00	1.77
模具盒抓取	54.41	42.70	0.00	2.89	43.75	53.36	0.00	2.89
模具清洗	18.13	26.03	53.93	1.92	14.58	83.50	0.00	1.92
模具翻转	31.15	3.71	63.72	1.42	25.52	73.05	0.00	1.42
模具喷涂	34.83	1.81	61.09	2.28	29.10	68.63	0.00	2.28
机器人码垛	59.91	38.47	0.00	1.62	48.12	50.27	0.00	1.62
卸载	59.49	38.37	0.00	2.15	47.92	49.94	0.00	2.15

3.4.1.3 工位重组

通过仿真结果分析可知：物料上料时间间隔增加后，预制构件生产线中部分工位设备等待时间较长，因此，增加上料间隔不能改善此现象。这些工位上的设备加工时间很短，设备利用率低，工位未完全发挥原有生产能力，导致生产线不平衡。根据实际预制构件生产线特性，在分析工位特性及影响因素的基础上，提出将生产线中各工位按照一定规则重新组合成一个新的工位，并对工艺进行了合理调整，以减少工位数量，提高工位生产能力。

按照预制构件生产工艺流程，改进优化措施为：将钢筋抓取和混凝土布料两个加工工序合并为一个工位；将翻转与振动脱模进行工位重组，在同一工位上完成生产加工；将模具盒清洗、翻转、喷涂工位进行合并。根据工位重组原则和工艺要求，对新设工位的设备参数进行重新设置，并对生产线模型进行再次优化及仿真。优化后预制构件生产线仿真模型如图 3-17 所示。

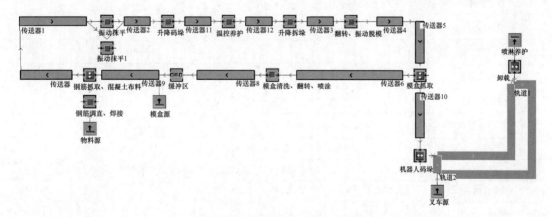

图 3-17 工位重组后的模拟仿真

将生产线仿真模型运行 16h，得到结果如图 3-18 所示。

从设备工作情况对比表 3-11 可以看出，重组后各工位上的设备利用率都有所提高且更趋于平衡。

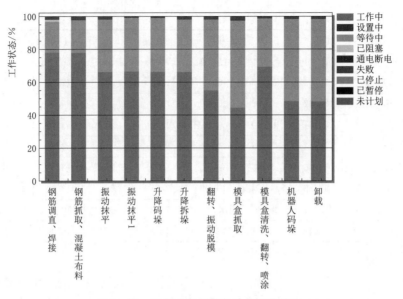

图 3-18　工位重组后的各设备工作情况

表 3-11　　　　　　　　　　　优化前后设备工作情况对比　　　　　　　　　　　　%

设备	优化前				优化后			
	工作中	等待中	已堵塞	已中断	工作中	等待中	已堵塞	已中断
钢筋调直、焊接	77.81	19.41	0.53	2.24	77.81	18.71	1.23	2.24
钢筋抓取	44.38	53.35	0.00	2.28	77.66	20.06	0.00	2.28
混凝土布料	33.24	64.80	0.00	1.96				
振动抹平	65.94	32.00	0.00	2.06	66.09	31.86	0.00	2.06
振动抹平 1	66.56	32.38	0.00	1.06	66.56	32.38	0.00	1.06
升降码垛	66.14	32.75	0.00	1.11	66.14	32.75	0.00	1.11
升降拆垛	65.99	31.84	0.00	2.16	66.01	31.83	0.00	2.16
翻转模具盒	25.61	72.31	0.00	2.08	54.94	42.98	0.00	2.08
振动脱模	29.24	69.00	0.00	1.77				
模具盒抓取	43.75	53.36	0.00	2.89	43.85	53.25	0.00	2.89
模具清洗	14.58	83.50	0.00	1.92	69.22	29.36	0.00	1.42
模具翻转	25.52	73.05	0.00	1.42				
模具喷涂	29.10	68.63	0.00	2.28				
机器人码垛	48.12	50.27	0.00	1.62	48.17	50.21	0.00	1.62
卸载	47.92	49.94	0.00	2.15	47.92	49.94	0.00	2.15

3.4.2　优化结果对比分析

优化后各工位的工作内容和作业时间见表 3-12。

表 3-12   优化后各工位的工作内容和作业时间

序号	加工工序	加工时间/s	序号	加工工序	加工时间/s
1	钢筋调直、焊接	105	7	翻转、振动脱模	75
2	钢筋抓取、混凝土布料	105	8	模具盒抓取	60
3	振动抹平	180	9	模具清洗、翻转、喷涂	95
4	振动抹平1	180	10	机器人码垛	400
5	升降码垛	90	11	卸载	400
6	升降拆垛	90			

根据式（2-6）和式（2-7）可得：

生产线平衡率 $E = \dfrac{W}{n \times CT} \times 100\% = \dfrac{1780}{11 \times 180} = 89.90\%$；

生产线平衡损失率 $d = \dfrac{n \times CT - W}{n \times CT} \times 100\% = \dfrac{11 \times 180 - 1780}{11 \times 180} \times 100\% = 10.10\%$。

根据表 2-1 的评价标准，该生产线平衡损失率为 10.10%，属于"精益生产管理"类别。优化后的生产线平衡率提高了 26.41%，优化前后设备工作情况对比见表 3-13。

表 3-13   优化前后设备工作情况对比   %

项 目	优化前	优化后	优化量	优化比例
生产线平衡率	63.49	89.90	+26.41	41.60
生产线损失率	36.51	10.10	-26.41	-72.34

由此可知：上述所提出的优化方法使预制构件生产线的生产不平衡、过程阻塞、瓶颈工位等问题得到了改善，具体包括：

（1）通过运行仿真模型并分析仿真结果，找出瓶颈工位，并通过多种方法对生产工艺流程进行优化，如调整物料上料间隔及设备生产运行参数等，以减少生产过程中的阻塞现象，从而达到缩短生产线的生产周期的目的。

（2）对模型进行优化及仿真分析，能够促进生产系统中资源运行效率，使生产线实现产能均衡，达到降低加工成本及减少生产制造风险的目的。

（3）通过仿真建模的方法对预制构件生产线的生产任务进行模拟和优化，可以为后续生产制定合理的计划。

（4）通过分析仿真模型的仿真运行结果，能迅速、正确地应对生产过程出现的各种突发情况及其不确定性，为生产数据的管理和优化措施提供参考，为生产计划变更提供决策支持，从而提高设备利用效率，避免浪费，实现生产线生产能力及反应能力的提升。

（5）生产线仿真模型的动态模拟过程可直观地展示预制构件生产线的生产过程，使管理人员能够从全局角度了解整个生产线的运行情况，增加直观的理解。

综上所述，以预制构件生产线为研究对象，在 Plant Simulation 中进行建模仿真和优化，能够解决生产过程中比较复杂和由于动态特性导致分析难度较大的问题，提高发现和解决问题的能力，通过对生产线进行优化，提高生产线的生产能力，使之达到更佳的运行状态。

3.5 本章小结

本章首先对预制构件生产线工艺流程进行介绍，并根据生产线的实际情况，明确建模简化原则，确定仿真目标。基于 Plant Simulation 软件建立预制构件生产线基础仿真模型，经过多次调试和改进，建立通过可靠性验证且符合实际生产的仿真模型。通过分析模拟仿真结果找出瓶颈工位，并针对相应问题提出优化策略，合理组合优化策略，经过对优化前后仿真结果对比分析，验证优化的合理性。通过对生产线进行优化，提高生产线平衡率，得到了较理想的生产线模型。

第4章

预制构件生产车间空间布局优化

通过对预制构件生产车间进行空间布局设计与优化，调整各工序或工位的作业负荷，能实现生产线的均衡和生产资源的节约，达到生产效率最大化。本章采用系统布置设计方法对生产车间进行初步设计，通过对生产线布局现状进行定性和定量分析，得到生产车间空间布局初步方案。结合遗传算法设定目标函数计算得到优化方案，在适当调整后形成最终方案并对其进行定性和定量分析。

4.1 车间空间布局设计

车间空间设施布局设计是指在特定的约束条件下，根据一些目标或原则，对指定区域内设施的形状、大小、方向及位置等方面进行最有效的布置和安排，从而缩短生产时间，降低加工过程的生产成本，提高生产线的生产效率[98]。

4.1.1 设施布局问题分类

设施布局问题可以按照优化目标数、排列方式和布局是否可变等标准划分为不同类型[99]，具体如图4-1所示。

（1）按照优化目标数进行分类。设施布局问题按照优化目标数的不同可分为单目标和多目标布局问题。单目标布局问题主要针对单个目标进行优化，需要求解出全局的唯一最优解；多目标布局问题通常无法同时使所有目标达到最优，而是在各个目标的优劣取舍中求解出靠近最优解的解集。

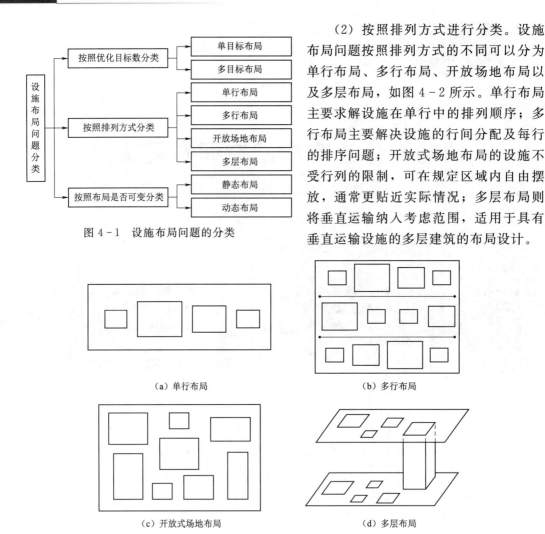

图 4-1   设施布局问题的分类

（2）按照排列方式进行分类。设施布局问题按照排列方式的不同可以分为单行布局、多行布局、开放场地布局以及多层布局，如图 4-2 所示。单行布局主要求解设施在单行中的排列顺序；多行布局主要解决设施的行间分配及每行的排序问题；开放式场地布局的设施不受行列的限制，可在规定区域内自由摆放，通常更贴近实际情况；多层布局则将垂直运输纳入考虑范围，适用于具有垂直运输设施的多层建筑的布局设计。

（a）单行布局   （b）多行布局

（c）开放式场地布局   （d）多层布局

图 4-2   布局示意图

（3）按照布局是否可变进行分类。设施布局问题按照布局是否可变分为静态布局问题和动态布局问题。静态布局问题适用于较为稳定的生产线、工厂或企业，通常其物流的基本数据不变；动态布局问题主要为不同的生产周期设计相应的不同布局方案，需要根据不同周期的生产成本研判是否进行方案变更。

本书研究的预制构件生产线不限制其行列，各作业单元在满足特定条件的基础上可以在构件生产车间中随意布置，因此属于开放式场地布局；在进行设计时同时考虑物流强度与综合关联度，属于多目标布局问题；本次设计针对预制盖板这一单一品种的产品进行优化和分析，因此属于静态布局问题。

4.1.2   设施布局常用方法

在企业进行设施布局设计中，最初主要依靠设计者的经验水平和直观感受来进行简单的定性设计，随着社会的发展和生产力水平的提高，企业对于高效生产和低廉成本的追求也更为迫切。为了更好地解决此问题，设施布局设计与运筹学、计算机科学等学科交叉发展，形成了多种更加科学化、合理化、系统化的解决方法，主要包括传统方法、经典方法、数学模型法和计算机仿真四大类，见表 4 - 1。

表 4 - 1 常用布局设计方法比较

方　法	典型代表	优　缺　点
传统方法	摆样法	优点：操作简单、方案直观 缺点：主要依赖于设计者的主观意见，不适用于较为复杂的布局问题
经典方法	系统布置设计	优点：系统性、逻辑性、实用性较强 缺点：存在一定的主观性，工作量大，不适用于较为复杂的布局问题
数学模型法	遗传算法、蚁群算法、模拟退火算法、禁忌搜索算法、粒子群算法等	优点：具有较高的科学性和精确性 缺点：实际的许多制约条件难以量化，得到的结果不一定符合实际情况
计算机仿真	仿真软件 AR 技术	优点：方案调整迅速、能够模拟实际生产情况、部分软件还能将方案进行可视化展示 缺点：需要一定的计算机基础并熟练掌握相应软件操作

由于传统方法主要依赖于设计者的主观意见，仅能对布局进行简单的定性设计，因此已不适用于当前的发展现状。随着学科交叉发展，促进了多种研究方法的综合与集成，经典方法、数学模型法以及计算机仿真技术的综合使用成为当前布局设计研究的热点与前沿。而在用于求解布局设计问题的众多算法中，研究表明：遗传算法无论是在算法的设计过程，还是编程的实现方面都有着其优越性[100]。因此本节综合采用系统布置设计、遗传算法以及计算机仿真技术对预制构件生产线布局进行设计，通过综合不同方法的优点，以获得更加合理、科学、精确的布局设计方案。

4.1.3 系统布局 SLP 方法

SLP 方法通过分析各作业单元之间的物流与非物流因素，在进行加权汇总后得出综合相关关系，并绘制成作业单元位置相关图[101]。SLP 方法将理性化的推理方法与系统化的规划方法相结合，能够在确定的规划范围内，将作业单元进行排列组合与优化，具有较强的实践性，已经成为领域内应用最为广泛的方法。

（1）SLP 的基本要素。SLP 方法包含五个基本要素，分别是 P、Q、R、S 和 T，其含义见表 4 - 2。

表 4 - 2 SLP 的基本要素

基本要素	含　义	具体内容
P	材料、产品、服务	研究对象所使用的原材料、生产的产品、加工的零件或提供的服务事项等
Q	数量、产量	研究对象所使用、生产或提供的产品及服务的工作量
R	生产路线、工艺流程	产品的生产过程、材料的提供过程或服务的提供过程，以及这些过程中所涉及的工序、设备及其先后顺序

续表

基本要素	含　义	具 体 内 容
S	辅助部门	辅助生产的相关作业单元以及共用、附属的有关区域，这些区域不直接参与生产，但却对生产起到保障作用
T	时间	产品在何时生产、加工过程耗费多长时间

（2）SLP的实施流程。SLP方法的实施流程如图4-3所示，主要包括以下几个步骤：

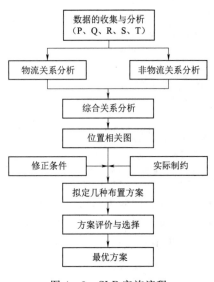

图4-3　SLP实施流程

1）数据的收集与分析。在进行布局设计前，对P、Q、R、S、T五个元素数据进行收集与分析，并在工艺流程的基础上划分相应的作业单元。

2）物流与非物流关系分析。分析各作业单元之间的物流关系和非物流关系，并绘制相应的物流与非物流关系图。

3）综合关系分析。对物流与非物流关系结果进行加权汇总，得出综合相关关系及各作业单元之间的相互位置关系图。

4）修正条件。在位置相关图的基础上，根据实际情况产生的制约条件对具体的因素进行调整，得出几个可行的备择方案。

5）方案评价与选择。采用定量和定性相结合的方法对得到的备选方案进行综合评价，形成最终的最优的布局设计方案。

（3）改进的SLP方法。经过应用实践，SLP已被证明是一种具有强逻辑性和系统性的优秀布局设计方法。然而，在采用SLP方法将位置相关图转化为具体的布局方案时，仍然需要依赖设计者的个人经验，具有一定的主观性，容易造成方案质量参差不齐。尤其当生产线中的作业单元较多时，往往需要经过大量繁琐的调整以满足企业的实际生产需求。由此可见，传统的SLP方法已经难以满足企业对于布局设计高效性与准确性的要求。

针对上述存在的不足，本节对传统的SLP方法进行了相应的改进，将数学模型法与计算机仿真技术融入传统SLP方法中，在采用SLP得到各作业单元的综合关系分值和几种初步布局方案后，建立物流强度最小化和综合关联度最大化的多目标数学模型，并采用遗传算法进行布局方案的求解。在此基础上，采用计算机仿真技术对优化前后的布局方案进行仿真建模，根据具体的仿真数据对布局方案进行分析与评价，以进一步验证布局设计方案是否具有合理性与优越性。改进的SLP流程如图4-4所示。

改进的SLP方法不仅保留了传统SLP逻辑性强、系统性强的优点，还以数学模型的精确性弥补了传统SLP方法对于设计者主观经验的依赖，且大幅度减少了后续人工调整的工作量。以计算机仿真技术的客观性对方案进行分析与评价，通过仿真数据验证方案的合理性与有效性，使布局设计方案更加合理与可靠。

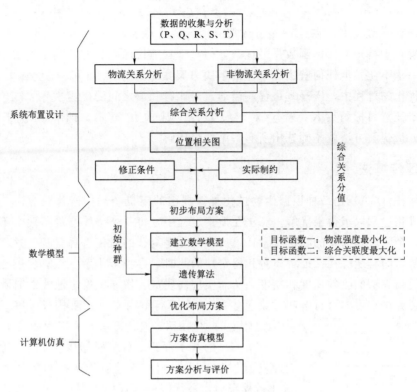

图 4-4 改进的 SLP 实施流程

4.2　车间优化智能算法

车间优化智能算法包括多目标优化、遗传算法和多目标遗传算法等，通过多目标遗传算法可以在车间布局优化的多目标问题中求得整体最优解。

4.2.1　多目标优化理论

（1）多目标优化问题。多目标优化指的是在一个特定的场景下，需要达到多个目标。但是，在实际的情况下，这些目标之间往往会发生冲突，不能同时达到最优，一个目标优化会以其他目标劣化为代价，所以很难有唯一最优解。因此，要在它们之间进行协调和权衡，从而使整体的目标尽可能地得到最优[102]。其数学表达式如式（4-1）、式（4-2）所示：

$$\max\{z_1=f_1(x),z_2=f_2(x),\cdots,z_q=f_q(x)\} \tag{4-1}$$

$$g_i(x)\leqslant 0,i=1,2,\cdots,m \tag{4-2}$$

式中：x 为决策变量向量；$f(x)$ 为线性或非线性目标函数；$g_i(x)$ 为不等式约束函数向量。

在求解极小化问题的过程中，只需对目标函数进行适当的修改，即可使其转化为极大值问题。

$$Z = \{z \in R^q \mid z_1 = f_1(x), z_2 = f_2(x), \cdots, z_q = f_q(x), x \in S\} \tag{4-3}$$

（2）Pareto 最优解。在进行多目标规划时，会出现目标间相互矛盾和不可比较等问题，某个解对于特定的目标函数是最优解，但对于其他目标函数并不为最优解，所以通常可以得到一个不比其他任何解决方案差的解决方案集，又称为 Pareto 最优解集[103]。在求解多目标优化的过程中，Pareto 最优解需通过对比解和解之间的优劣次序才能确定，也就是说，对于任意目标函数 K，若 $f(x_1) \geqslant f(x_2)$，则 x_1 优于 x_2，即解 x_1 优于解 x_2，所以，Pareto 最优解方法就是筛选出所有解中的最优解。

4.2.2　遗传算法

遗传算法（GA）是一种根据生物进化规律提出的随机全局搜索优化方法，主要通过模拟生物进化过程以求得最优解。算法在搜索过程中，每一个个体会经历两个不同的进化阶段，第一个阶段是简单的随机搜索，第二个阶段是复杂的遗传选择过程。这个模型旨在找出最优解，而且能够在保证解质量和稳定性的同时，寻找最优解。该算法还能够利用现有知识来提高算法的收敛速度和精度，从而实现高质量、快速、稳定地搜索到最优解。

用遗传算法求得的可行解叫"染色体"，一个可行解由多个元素构成，每个元素被称为染色体上的"基因"。遗传算法基本流程如图 4-5 所示。

（1）GA 的基本原理。GA 根据生物界中"物竞天择、适者生存"的演化法则，通过遗传选择和优胜劣汰的生物进化过程来搜索最优解的计算模型[104]。生物遗传与遗传算法的对应关系如图 4-6 所示[105]。

（2）GA 的主要特点。作为一种高效的搜索寻优方法，GA 具有以下特点[106]：

1）遗传算法是全局搜索算法。遗传算法不受搜索空间的限制性假设约束，且不要求连续性，能够有效避免单点搜索带来的局限性，防止了最优解不全面这一情况的发生，适用于解决离散、多极值、多参数和多变量的问题。

2）遗传算法具有通用性。遗传算法的研究对象不受限于具体问题，对与问题相关领域的专业知识也没有一定的要求，适用于解决各种问题，特别是在解决一些难以有数值概念，只有代码概念的优化问题时，能够表现出其独有的优势。

3）遗传算法具有强容错力。遗传算法在运行过程中，可以通过选择、交叉、变异等遗传操作将初始种群中携带的无用信息排除在外，它们不会进入下一步，因此不会因为个别与最优解相差甚远的个体而影响搜索结果的正确性，具有较高的容错率和精确性。

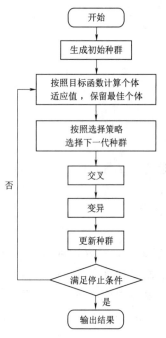

图 4-5　遗传算法基本流程

4）遗传算法的操作简单。传统算法通常需要导数值或其他辅助信息才能确定搜索方向，而遗传算法主要依靠自身的适应度函数就可完成优化进程，且适应度函数可以任意设置。因此，只需要根据研究问题设置好相应的适应度函数，就可以解决大部分适应性优化

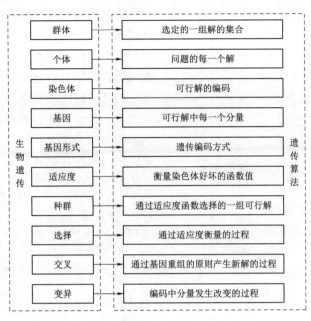

图 4-6 生物遗传与遗传算法对应关系

问题，操作简单易行。

（3）GA 的实施流程。遗传算法采取随机方式产生初始种群，通过适应度函数对个体进行评价，并选择出适应度较高的个体参与进一步的遗传操作，经选择、交叉、变异等运算交换染色体的信息后形成新一代种群，重复此流程直至满足停止准则后，获得问题的最优解。遗传算法的操作流程如图 4-7 所示。

（4）GA 的改进应用。

1）标准遗传算法。标准遗传算法在布局设计中通常用于解决多行布局问题，即求解各作业单元的行间分配和每行的排序问题[107]。在布局设计时，各作业单元均按行布置，并采用自动换行策略，即当某行的作业单元超出布置区域限制范围时，自动转到下一行进行布置。其染色体形式通常如下所示，其中 m_i 表示第 i 个作业单元：

$$\{m_1, m_2, \cdots, m_n\}$$

例如，布局方案 {1, 2, 3, 4, 5, 6, 7, 8} 代表的布局方案如图 4-8 所示。

由此可以看出，标准遗传算法用于布局设计时，同一行的各作业单元纵坐标均相同。然而在预制构件实际生产过程中，生产线的各作业单元通常并不能呈现出多行布局形态，因此标准遗传算法的编码形式并不贴近实际的生产布局需求。

2）改进遗传算法。在预制构件实际布局规划设

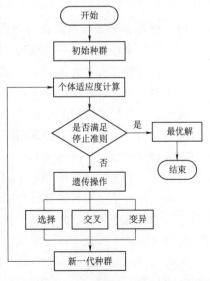

图 4-7 遗传算法的操作流程

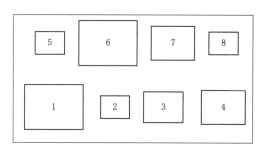

图 4 - 8　标准遗传算法布局示意图

计中，生产线的各作业单元并不会受到行列的限制，而是在满足各项具体布局约束条件的情况下，可以在布置区域内任意位置自由摆放，且可以自由调整方向，属于开放场地布局问题。因此对标准遗传算法的染色体编码方式进行了改进，采用浮点数编码与二进制编码相结合的方式，以实现作业单元在规划区域内的任意调整。具体的染色体表现形式如下所示：

$$\{(x_1,y_1),(x_2,y_2),\cdots(x_n,y_n)\,|\,S_1,S_2,\cdots,S_n\}$$

其中，前半段代表作业单元的中心坐标，采用浮点数编码方式，可使各作业单元在规定区域内任意位置进行布置；后半段代表作业单元的布置方向，采用二进制编码方式，0 表示横向布置，1 表示纵向布置，可以实现布置方向的自由调整。因此，改进后的遗传算法能够使布局设计方案更加符合预制构件实际生产情况，能够提高各作业单元的位置精度。

4.2.3　NSGA - Ⅱ 算法

遗传算法将构造具有 Np 个个体的群体，单目标输出为迭代后群体中的最佳个体，这种方法能够很好地处理多峰优化问题[108]。但在实际情况下，多个目标之间往往会产生冲突，导致无法同时获得最优解，因此，需要进行协调和权衡优化目标，以实现整体目标最优。

目标函数为两个及两个以上时需采用多目标遗传算法进行求解；当所需的个体数较少时，则可以采用单目标遗传算法。多目标遗传算法只有在满足以下条件的情况下才能采用：

（1）对最优 Pareto 解进行恰当的评估与筛选，并将其传给下一代。

（2）维持个体集合多样性使得 Pareto 最优解集合呈现多样性特征。

（3）构建能够有效算出 Pareto 最优解的交叉、变异或其他遗传操作。

采用多目标遗传算法求解多目标问题时，最重要的是正确评价并选择每代得到的 Pareto 最优解，并且遗传给下一代。为此需要对每一代所得解做进一步研究以保证其质量，从而得到满意结果。目前主要采用的办法可分为两大类：一是对多目标函数加多种权重组合成单个目标函数，从而得到 Pareto 最优解；另一种为适应值函数，根据求解优劣关系对其进行排序，对其排序采用 Pareto 评估排序法。

Pareto 评价排序法代表算法是 Deb 非支配排序遗传算法（NSGA），采用 Pareto 排序法为个体进行排序分配，并且对于次序相同的个体使用附加权值的方法，多个集中性个体被分配较少权重，孤立个体分配较多权重，这种方法能使 Pareto 最优解具有多样性。

NSGA - Ⅱ 算法在 NSGA 中引入精英策略对非支配遗传算法进行拓展，有效实现了基于排序的分类[109]。其算法流程如图 4 - 9 所示。

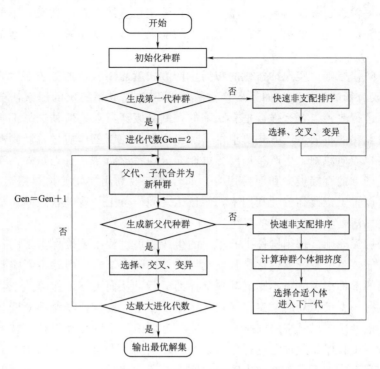

图 4 - 9　NSGA - Ⅱ算法流程

4.3　生产车间空间布局

预制构件生产车间各个工作区域的位置分布、布局大小影响着整个生产线的运行成本、运行速度和运行效率，在生产线仿真模拟和空间布局及场地布置基本原则基础上，对作业单元进行归类划分，并对初始确定布局方案进行定性、定量分析。

4.3.1　空间布局原则

（1）总体设计原则。总体设计是在满足先进生产工艺流程和最佳物流路线的前提下，充分利用现有厂房及设备，结合场地特点，做到功能分区明晰、总体布局合理、生产管理方便，并符合国家和当地政府有关建设规划、环境保护、安全卫生、消防、节能、绿化等方面的规范和要求。总平面布置做到布局合理、物流线路畅通、经济，尽量减少物流输送交叉作业。以生产集中专业化、资源共享最大化、公共服务统一化、营销集约化、组织管理扁平化为目标，强调合理、实用、以人为本、注重环境设计，创造一个舒适宜人的生产、生活空间，并使厂区建筑与周围环境融合协调，展示现代化企业形象和企业的文化理念，创建最佳的企业形象和厂区环境。总体来说，预制构件车间的设计始终以经济性、安全性、可靠性为原则。

（2）产能优先原则。企业产能是企业良性运营的关键因素，预制构件生产车间的空间布局要充分考虑生产效率，要达到生产设备和劳动效率的最大化、损耗率最小化，实现产能合理化。材料输送过程应尽量减少搬运，路径固定且直线运行不交叉；不同工作站之间资源配置、速率配置应尽量平衡。在满足施工的前提下，紧凑布置，将占地范围缩小到最低限度。

（3）精益防错原则。实现精益化的布局生产方式就需要各道加工工序"零缺陷、零故障"，并且形成流畅的生产线。如果生产过程中出现缺陷或不稳定的因素，要么停掉生产线，组织资源进行改善，要么强行把有缺陷的在制品废弃，无论何种选择都将导致成本的上升。因此精益化的布局生产方式要求每一道工序严格控制工作质量，做到质量在过程中控制，遵循用户导向原则。生产布局要尽可能充分地考虑防错，首先是硬件布局上的错误预防，减少生产上的直接损失和间接损失，如合理有效利用空间使物料搬运成本最小化。其次还需合理设置工位提高劳动利用率，使员工之间、员工与管理者之间、员工与用户之间的信息流更加清晰，避免错误的发生。

（4）安全可靠原则。预制构件生产车间的生产管理过程中要确保员工的作业安全，生产过程安全可靠，整个系统模块化、智能化设计，中间环节出现问题不影响整个系统的运行，监控终端的部件出现故障不影响其他部件的运行，从而更好地保障整个生产系统能够长期稳定地运行。由于布局的紧凑，导致员工的工作空间和作业场所不断变化，应站在员工作业的立场上考虑布局带来的安全隐患。充分考虑施工中的劳动保护、技术安全、防火要求，同时对员工具体作业过程进行分析，消除影响员工安全的隐患因素。需要考虑的要素主要有以下几点：加工点距离、尖锐突出物、机器误启动、蒸汽、油污、粉屑防护、现场照明、换气、温度、湿度等。施工现场布置时，对易燃易爆等危险品的存放地点应符合安全和消防的有关规定和要求。

（5）以人为本原则。对预制构件生产车间进行合理布置，充分利用主体结构空间，力求做到方便生产，整齐美观，为工作人员提供安全、舒适、整洁的工作生活环境。遵守环境保护条例的要求，因地制宜，布置适当的绿化设施，改善车间生态环境及气候条件，通过绿化带分隔以及采用新技术等手段减少生产区对环境的污染，构建绿色、安全、高效的现代化预制构件生产车间。

4.3.2　场地布置原则

（1）标准作业原则。标准化作业能维持员工作业的稳定和高效，避免操作复杂、步行距离远、手动作业等低效情况的发生。标准化作业能够促进流动化管理及正常生产运行，要求作业顺序一致化、逆时针方向操作、进行适当的作业组合、明确作业循环时间、明确在制品数量。物流标准化，精益布局条件下的预制构件生产车间应能实现物流流畅，保证各工序的生产和物料有机结合、同步供应，促进各工序生产节拍的协调一致，流水化布局，有利于实现供求平衡。作业标准化，工厂生产车间一般采用逆时针排布，以实现1～2人作业或一人多机作业，由于大部分作业员是"右撇子"，因此逆时针排布使得员工进行下一道工序作业时，工装夹具或零部件在右侧，便于员工取用。信息标准化，信息流是流动化管理运行的指令中心，是生产过程流畅运行的前提。信息流畅通便于信息的横向和纵向传递，从而保持生产过程的稳定，实现批量处理。

（2）工艺布局原则。布置生产区场地过程中，要考虑现有围挡形式及特殊工艺施工对场地的需求，根据工序需求分序分阶段设计、规划。生产区域的布置应满足各道工序流程要求，同时减小工序间干扰。小型预制构件生产车间的生产设备密集、自动化程度高、产品重量适中，按照产品生产的工艺流程、生产步骤来安排设备或生产过程，被加工的构件根据预先设计好的流程顺序，从一个工序转移到另一个工序。按照工艺流程布局可以提高机器利用率，在一定程度上减少对设备的投资，设备和人员的柔性程度高，更改产品型号和数量等操作更加方便。满足工艺布置和交通运输合理的前提下，实现功能分区明确，贯彻节能节地的方针，场地布置紧凑，以节约用地，提高效率。

（3）生产协调原则。生产原材料应分类并根据生产需求堆放整齐，使用方便，保证现场布置紧凑。管片堆放的容量应满足生产进度的需要，同时便于调运和存放。产品堆放位置要便于起重设备运输和运输车装车外运。始发过程中，始发端头上部禁止放置重物，考虑人员走动距离最短，物料搬运的成本最低，避免相互交叉和折返运输，实现人流及物流分流，将相互干扰减小到最低，提高生产效率。

（4）柔韧弹性原则。对未来变化具有充分应变力，方案有弹性。对于小批量多种类的产品，优先考虑 U 形线布局、环型布局或花瓣形布局等。此类形状路径使得各工序非常接近，从而为一个人同时操作多道工序提供了可能，同时提高了工序分配的灵活性，从而取得更高的生产线平衡率。随着精益生产思想的推广，传统生产线越来越多地被新型生产线所替代，因为传统生产线布置有一人操作多台设备的步行浪费，增加了劳动强度，同时也不能实现人员的柔性化调整。而在上述布局中，一条流水线的出口和入口在相同位置，一个加工位置中可能同时包含几道工艺，具有柔韧性。通过减少步行浪费和工位数，从而缩短周期、提高效率，同时也减少了操作人员，降低了成本等。

4.3.3 作业单元划分

某预制构件生产线主要生产的构件包括电缆槽及水沟盖板、路基边坡六棱块等，如图4-10所示。该生产线采用多种自动化设备进行生产，实现了从钢筋下料、混凝土下料、养护成型、成品码垛至拆垛运输等全过程的自动化生产。

（a）盖板　　　　　　　　　　　　（b）六棱块

图 4-10　主要产品

作业单元划分是将构件生产车间内的机械设备和辅助设施按照功能作用、工艺流程及生产结构等方面的相似性与相关性进行归类，从而形成若干相互联系的区域[110-112]。据此将构件生产车间划分为 12 个作业单元，包括原料区、加工区、布料区、振捣区、蒸养区、脱模区、清洗区、喷涂区、码垛区、叉车区、喷淋区和中控区，各作业单元的功能内容及占尺寸信息见表 4－3。

表 4－3　　　　　　　　　　作 业 单 元 的 划 分

序号	分区	功能内容	长/m	宽/m	面积/m²
1	原料区	钢筋原材堆放	10.0	6.00	60.00
2	加工区	网片焊接	10.0	6.00	60.00
3	布料区	混凝土布料	5.10	5.00	25.50
4	振捣区	振动抹平	5.10	5.00	25.50
5	蒸养区	室内蒸汽养护	45.20	9.80	442.96
6	脱模区	模具翻转、振动脱模、托盘抓取分离	11.40	5.50	62.70
7	清洗区	模具清洗	10.00	8.00	80.00
8	喷涂区	脱模剂喷涂	10.00	8.00	80.00
9	码垛区	机器人码垛	9.70	8.30	80.51
10	叉车区	无人叉车停放区，构件的装载	2.00	1.00	2.00
11	喷淋区	成品存放、喷淋养护	13.60	7.70	104.72
12	中控区	信息控制中心、管理人员日常办公	6.00	5.50	33.00

原料区长 10.0m，宽 6.0m，主要用于钢筋原材的堆放，并设置有钢筋自动调直机，用于成卷钢筋的调直。加工区长 10.0m，宽 6.0m，设置有自动网片焊接机，用于实现钢筋的剪切、焊接和钢筋网片的制作。布料区长 5.1m，宽 5.0m，是混凝土浇筑的区域，通过自动布料机将混凝土均匀浇筑到构件的托盘模具盒内，完成混凝土的精准布料。振捣区长 5.1m，宽 5.0m，该区域内的振动抹平台能够通过纵向和横向两个方向的振动，使模具内的混凝土表面平整。蒸养区长 45.2m，宽 9.8m，在该区域内振捣抹平后的构件通过自动升降机传输至养护室内，进行智能温控湿控养护。脱模区长 11.4m，宽 5.5m，主要进行模具翻转、振动脱模和构件与模具的分离三项工作，采用的设备包括鼠笼式翻转机、自动振动脱模台和托盘龙门抓取机。清洗区长 10.0m，宽 8.0m，内置模具自动清洗站，能够实现模具盒的残渣清洗和快速干燥。喷涂区长 10.0m，宽 8.0m，主要进行脱模剂的喷涂作业。码垛区长 9.7m，宽 8.3m，在该功能区由码垛机器人负责将完成蒸汽养护的成品构件进行堆码成垛。叉车区长 2m，宽 1m，停放无人叉车，配置有无人叉车充电桩，同时完成构件向叉车的装载工序。喷淋区长 13.6m，宽 7.7m，成垛的成品构件由无人叉车运送至喷淋区进行暂时存放，同时进行喷淋养护。中控区长 6.0m，宽 5.5m，属于辅助区域，是各项自动化设备的信息控制中心，能够实时监测设备的运转情况，进行生产信息的统计与分析，也是管理人员日常办公的区域。

4.3.4　布局现状分析

4.3.4.1　定性分析

定性分析主要是从工作流程的衔接、作业单元的密切程度以及环保安全等角度出发对生产线现状进行分析。将预制构件生产线的布局现状及物流路线分别进行绘制，如图 4 - 11 所示，其中，实线箭头代表模具盒物流路线，虚线箭头代表混凝土物流路线，点划线箭头代表钢筋物流路线。

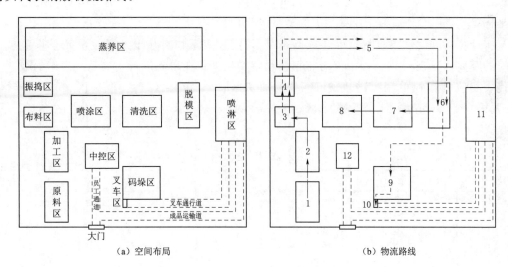

（a）空间布局　　　　　　　　　　　　　（b）物流路线

图 4 - 11　预制构件生产车间

根据实地调研的情况，并结合图 4 - 11 可以看出：

（1）构件生产车间结构松散，各作业单元之间不够紧凑。由于原始的生产线是根据管理人员的个人经验进行设计的，布局设计的合理性依赖于管理人员的经验水平，因此在一定程度上造成了空间上的浪费。

（2）12 号中控区的位置可进一步合理。一方面，12 号中控区与 8 号喷涂区距离较近，在进行喷涂时脱模剂容易扩散至空气中，对中控区中的工作人员造成一定的影响；另一方面，中控区的管理人员需要进行日常的巡检工作，在对 11 号喷淋区进行巡检时，其巡检路线与叉车的工作路线及成品的运输路线重合，存在一定的安全隐患。

（3）9 号码垛区与 11 号喷淋区距离较远，叉车在进行构件搬运时路线过长，会造成时间和资源的浪费。

通过以上对预制构件生产线布局现状的定性分析可以看出，目前这个依靠管理人员经验布置而成的生产线存在着一些不合理现象。针对这些具体问题，需要采用一些更加科学合理的布局优化方法，以减少或避免物料运输过程中造成的时间和距离浪费，同时提高规划区域的空间利用效率。

4.3.4.2　定量分析

预制构件生产线在工作过程中存在着大量的物流搬运活动，这些物料运输活动将各作业单元紧密地联系起来。从运输距离和物流量两个方面来对布局现状进行定量分析，并利用 F - D 图直观地反映出当前生产线布局存在的问题。

（1）距离计算。在实地调研的基础上，根据各设备及工作场地的详细尺寸和具体位置，将其抽象为矩形作业单元，并绘制对应的图纸。由于生产线各区域之间均以传送带为连接方式进行物流传送，因此以各作业单元的几何中心为距离测算的起点与终点，采用曼

哈顿距离对各作业单元之间的距离进行计算，计算公式为

$$d_{ij} = |x_i - x_j| + |y_i - y_j| \qquad (4-4)$$

式中：d_{ij} 为作业单元 i 与作业单元 j 之间的曼哈顿距离；x_i 与 y_i 分别为作业单元 i 的横、纵坐标；x_j 与 y_j 分别为作业单元 j 的横、纵坐标。

将计算得到的结果绘制成距离从至表[113]，用以表示物料从出发作业单元至作业单元之间的距离，见表 4-4。表中仅对有直接物料交换的作业单元进行了展示。表中的数字分别代表相应的作业单元：1—原料区、2—加工区、3—布料区、4—振捣区、5—蒸养区、6—脱模区、7—清洗区、8 喷涂区、9—码垛区、10—叉车区、11—喷淋区和 12—中控区。

表 4-4　　　　　　　　　　　　　距　离　从　至　表　　　　　　　　　　　单位：m

作业单元	1	2	3	4	5	6	7	8	9	10	11	12
1		13										
2			15									
3				8								
4					30							
5						34						
6							14		32			
7								13				
8		19										
9										9		
10											50	
11												
12												

（2）物流量计算。在预制构件生产线中，可以将各自动化设备之间的物料交换看作物流，例如原料区到加工区之间的钢筋运量，布料区到振捣区的混凝土运量，脱模区到码垛区的成品构件运量等。在实地调研时，利用秒表记录每道工序的时间，并对作业单元之间的搬运次数和构件尺寸、重量等信息进行统计计算，得到各作业单元之间的日均物流量，见表 4-5。

表 4-5　　　　　　　　　　　　　物　流　量　从　至　表　　　　　　　　　　单位：kg

作业单元	1	2	3	4	5	6	7	8	9	10	11	12
1		71114										
2			2660									
3				366528								
4					30544							
5						91632						
6							2472		43344			
7								6311				
8		7416										
9										86688		
10											239139	
11												
12												

（3）F－D图分析。根据各作业单元之间的距离从至表和物流量从至表能够绘制出相应的物流量-距离图（Flow－Distance，F－D图），如图4－12所示。F－D图中包含Ⅰ、Ⅱ、Ⅲ和Ⅳ共四个区域。Ⅰ区中的点表示物流量较小且距离较近的作业单元对，其物流强度也相应较小，是布置较为合理的区域，在后续的优化工作中基本可以保持现状，无需太多调整；Ⅱ区中的点表示物流量较大但距离较近的作业单元对，在后续进行优化时可以进行适当调整进一步缩短作业单元对之间的距离，从而减小物流强度；Ⅲ区中的点代表物流量大且距离较远的作业单元对，这些作业单元对之间的物流强度大，所承担的物流成本也相应较大，是优化布局时应重点关注的对象；Ⅳ区中的作业单元对承担较小的物流量，但其运输距离却较大，在进行物料交换时有较大可能会与其他作业单元对之间的物料流动路径交叉，使物流搬运不够流畅，甚至发生堵塞问题，这会降低生产线的工作效率，或造成一些安全性问题[114]。

由图4－12可知：Ⅰ区中共包含6个作业单元对，分别为原料区-加工区、加工区-布料区、脱模区-清洗区、清洗区-喷涂区、喷涂区-加工区以及码垛区-叉车区，这些作业单元对的布置现状较为合理，无需太多调整。Ⅱ区中共包含1个作业单元对，为布料区-振捣区，在进行优化时不宜再增加该作业单元对之间的距离，如有可能还应进一步减少其距离。Ⅲ区中的作业单元对为叉车区-喷淋区，这是后期工作中需要着重进行布局调整的作业单元对。Ⅳ区中

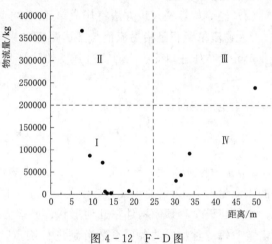

图4－12　F－D图

共包含3个作业单元对，分别为振捣区-蒸养区、蒸养区-脱模区以及脱模区-码垛区，这3个作业单元对之间的距离过远，在进行调整时应缩短其距离以减少物流交叉带来的工序堵塞等问题。

4.4　基于SLP的空间布局设计

利用上述SLP方法将推理方法与系统化的规划方法相结合，在对车间物流和非物流关系进行分析基础上绘制综合关系相关图。根据分析结果绘制出位置相关图，确定备择布局方案。

4.4.1　物流关系分析

4.4.1.1　物流强度计算方法

物流强度是生产路线相对重要性的基本衡量标准，也是工序之间相互密切程度的基本衡量标准。生产线中进行交换的物料不论是在几何形状、物化状态、可运性还是搬运的难易程度等方面相差较大，单纯用重量来计量物流强度的大小并不合适。因此通常将这些物

料通过修正折算成一个统一量，在此基础上进行计算与分析，这个统一量即当量物流量。计算当量物流量的方法主要包括玛格数法和经验估算法。

（1）玛格数法。该方法利用"玛格（Mag）"作为度量物料可运性的单位，将物品在单位时间内的传输件数与其玛格数相乘，即可得出物流强度[115]。在计算物品的玛格数时，首先需要根据物品的尺寸大小确定其对应的玛格基本值，再通过密度、形状、损伤危险性、其他情况和价值情况这五种修正因素，对基本值进行增减修正，从而推出物品的玛格计数，计算公式为

$$M = A \times \left[1 + \frac{1}{4}(B + O + D + E + F) \right] \tag{4-5}$$

式中：M 为物品玛格数；A 为物品玛格基本值；B 为物品密度；O 为物品形状；D 为对物料、设施及人员造成损伤的危险性；E 为其他情况；F 为价值情况。

（2）经验估算法。该方法将作业单元对之间的物流量距积作为物流强度大小的判断标准[116]。物流量距积是指物流量与搬运距离的乘积，假定生产线中共有 n 个作业单元，则作业单元 i 与作业单元 j 之间物流强度的计算公式为

$$f_{ij} = q_{ij} d_{ij} \tag{4-6}$$

整个生产线的物流强度计算公式为

$$F = \sum_{i=1}^{n} \sum_{j=1}^{n} q_{ij} d_{ij} \tag{4-7}$$

式中：f_{ij} 为作业单元 i 与作业单元 j 之间的物流强度；q_{ij} 为作业单元 i 与作业单元 j 之间的物流量；d_{ij} 为作业单元 i 与作业单元 j 之间的距离；F 为整个生产线的物流强度。

由于建设工程预制构件在几何形状、搬运方式等方面存在较大差异，若采用玛格数法则需要对每一种物料的各项系数分别进行确定，因而较为复杂[117]，因此本书采用经验估算法计算预制构件生产线的物流强度。

4.4.1.2 物流强度计算结果

在上述距离从至表和物流量从至表的基础上，根据经验估算法可以计算得到该生产线各作业单元对之间的物流强度从至表，见表 4-6。

表 4-6 物流强度从至表 单位：kg·m

作业单元	1	2	3	4	5	6	7	8	9	10	11	12
1		893845										
2			38799									
3				2803939								
4					930810							
5						3107416						
6							33699		1376869			
7								83025				
8		140263										
9										823180		
10											11933067	
11												
12												

4.4.1.3　物流强度等级划分

在 SLP 方法中，通常把用数值表示的物流强度转化为由五个由元音字母组成的强度等级，包括 A（Absolutely Important）、E（Extremely Important）、I（Important）、O（Ordinary Important）、U（Unimportant），代表物流强度大小依次递减，分别为超高强度、特高强度、较大强度、一般强度和可忽略强度，划分标准见表 4-7。

表 4-7　　　　　　　　　　　　　　物流强度等级划分

物流强度等级	符号	物流路线比例/%	承担物流量比例/%
超高强度	A	10	40
特高强度	E	20	30
较大强度	I	30	20
一般强度	O	40	10
可忽略强度	U	—	—

表 4-7 中的划分标准包括按物流路线比例划分和按承担物流量比例划分两种，选择以各路线承担的物流量比例为主要划分依据。将各作业单元对之间的物流强度按照从大到小的方式进行排序，将物流强度之和占总物流强度比例为 40% 的作业单元对划分为 A 等级，占比为 30% 的划分为 E 等级，占比为 20% 的划分为 I 等级，占比为 10% 的划分为 O 等级，其余各作业单元对均划分 U 等级，同时以物流路线占比对各等级的作业单元对数量予以调整和验证，最终得到物流强度等级见表 4-8，表中仅列出存在物流关系的作业单元对。

表 4-8　　　　　　　　　　　　物流强度等级

序号	作业单位对	物流强度/(kg·m)	比例/%	等级	等级占比/%
1	10-11	11933067	53.84	A	53.84
2	5-6	3107416	14.02	E	26.67
3	3-4	2803939	12.65	E	
4	6-9	1376869	6.21	I	14.44
5	4-5	930810	4.20	I	
6	1-2	893845	4.03	I	
7	9-10	823180	3.71	O	5.05
8	2-8	140263	0.63	O	
9	7-8	83025	0.37	O	
10	2-3	38799	0.18	O	
11	6-7	33699	0.15	O	

根据物流强度等级表将作业单元对之间的强度等级整理形成物流关系相关图，使作业单元之间的关系更加清楚直观，该生产线的物流关系相关图如图 4-13 所示。

由表 4-8 和图 4-13 可知：强度等级为 A 的作业单元对有 1 对，即叉车区-喷淋区，它们之间有超高物流强度，承担了生产线 53.84% 的物流强度。强度等级为 E 的作业单元

图 4-13　物流关系相关图

对有 2 对，包括蒸养区-脱模区、布料区-振捣区，它们的物流强度之和占比达 26.67%，具有特高物流强度。脱模区-码垛区、振捣区-蒸养区、原料区-加工区的等级均为 I 级，它们之间有较大的物流强度，占比 14.44%。物流强度等级为 O 的作业单元对有 5 对，包括码垛区-叉车区、喷涂区-加工区、清洗区-喷涂区、加工区-布料区以及脱模区-清洗区，它们的物流强度之和占比 5.05%，属于一般强度物流等级。此外，属于可忽略强度等级 U 级的作业单元对共有 55 对。

4.4.2　非物流关系分析

在进行生产线布局设计时，一些作业单元对之间虽然没有很大的物流强度，但却对一些非物流因素的要求很严格，此时非物流因素便会对作业单元对的相互关系产生一定的影响[118]。因此，必须要对作业单元之间的非物流关系进行深入的分析，以提高布局设计的合理性与准确性。

4.4.2.1　非物流关系影响因素

通常涉及的典型非物流因素主要包括物流、需要与人联系、使用相同的设备、使用共同的记录、共用人员、监督和管理、联系频繁、紧急服务、公用系统分布的费用、使用同样的公用设施、通信联络或文件联系的程度、特殊的管理要求或人员的便利设施等。在梳理相关文献涉及的一系列非物流关系因素的基础上，根据小型预制构件的生产工艺特点，以及向该生产线的生产人员、管理人员请教咨询后，确定出以下 7 种影响生产线布局的非物流因素。

（1）工艺流程的连续性。小型预制构件在生产过程中有着流畅的工艺流程，许多作业单元之间在工序上存在着紧密的上下游关系，在进行生产线布局设计时，为了确保工艺流程的连续性，这些作业单元需要尽量靠近。例如原料区与加工区，原料区的钢筋原材需要进入加工区进行调直、剪切和焊接等工序。

（2）使用相同的工具、设备等。预制构件生产线采用了多项自动化设备进行生产工作，在生产过程中部分工序使用的工具及设备相同，为了减少设备的投入成本和使用效率，这些作业单元之间应尽量靠近。例如，蒸养区与脱模区之间共用自动升降设备。

（3）物料搬运的便利性。便利的物料搬运能够极大地提高构件的生产效率，降低生产搬运成本，这也是影响生产线布局设计的非物流因素之一。例如构件在码垛区完成码垛后，要利用无人叉车搬运至喷淋区，因此在进行布置时，应考虑叉车频繁往返于码垛区和喷淋区，为叉车的搬运工作和充电需求提供便利。

（4）相互之间的信息传递。许多作业单元之间虽然不存在工艺流程上的上下游关系，但却对工序的生产起到辅助作用，它们之间往往有着较为密切的信息联系，例如，蒸养区与控制中心，虽然它们之间没有物料流动，但控制中心对蒸养区中的温湿度情况进行实时监测，并及时进行升温、加湿等工作，有着较强的信息交流。

（5）振动、噪声及污染。部分设备在使用过程中会产生振动、噪声或污染，会对其他设备或作业单元产生一定的影响，因此这些作业单元之间需要尽量远离。例如振捣区和脱模区在进行振捣抹平及振动脱模时会有较大的振动并伴有一定的噪声，喷涂区在进行脱模剂喷涂时会产生油雾等损害人身健康的物质，这些对控制中心的控制设备和管理人员会造成的损害，在布局设计时不宜靠近。

（6）作业环境的安全性。在生产过程中部分工序存在一定的危险性，因此在布局设计时需要从作业环境的安全性进行考虑，并根据具体情况将作业单元之间的距离缩短或远离，必要时还需要将某些作业单元按照指定位置进行布置。例如叉车区到喷淋区需要进行成品构件的运输工作，在运输时可能会存在构件倒塌、运输碰撞等具有危险性的情况，因此在进行布置时需要考虑这些作业单元与其他作业单元之间的相对位置。

（7）管理工作方便性。除以上因素外，在生产线布置设计时还需要将日常管理工作纳入考虑范围，以便及时进行设备检修、故障处理、安全巡检等管理工作，提高生产过程的质量和安全方面的管理水平。

由于 SLP 方法重点关注的非物流因素通常不超过 8 个，为本生产线设定了 7 项非物流关系因素，数量合理。根据上述分析得到生产线所涉及的非物流关系影响因素见表 4-9。

表 4-9   非物流关系影响因素

序号	影响因素	序号	影响因素
1	工艺流程的连续性	5	振动、噪声及污染
2	使用相同的工具、设备等	6	作业环境的安全性
3	物料搬运的便利性	7	管理工作方便性
4	相互之间的信息传递		

4.4.2.2 非物流关系等级划分

与物流强度等级类似，非物流关系等级划分为 A、E、I、O、U 和 X 共六个等级，它们分别代表绝对重要、特别重要、重要、一般、不重要、不希望靠近，划分标准见表 4-10。

表 4-10   非物流关系等级划分

等级	符号	范围/%	等级	符号	范围/%
绝对重要	A	2~5	一般	O	10~25
特别重要	E	3~10	不重要	U	45~80
重要	I	5~15	不希望靠近	X	酌情考虑

将生产线划分为 12 个作业单元，每两个作业单元为一对，由此可以计算出共有 66 个作业单元对，计算公式如下所示：

$$P=\frac{N(N-1)}{2}=\frac{12\times(12-1)}{2}=66 \tag{4-8}$$

根据表 4－10 可知：其中有 2～4 个 A 级作业单元对、2～7 个 E 级作业单元对、4～10 个 I 级作业单元对、7～17 个 O 级作业单元对、30～53 个 U 级作业单元对，除此之外 X 级作业单元对的数量应酌情考虑。

在确定非物流关系影响因素及各个等级数量范围的基础上，与生产线的管理人员、技术人员、生产人员以及一部分深入实地参与调研的研究生进行探讨，并参考相关文献得出预制构件生产线各作业单元对之间的非物流关系等级见表 4－11，表中未出现的作业单元对之间的等级为 U 级。

表 4－11 非 物 流 关 系 等 级

作业单元对	等级	理由	作业单元对	等级	理由
1－2	A	1，2，3	7－12	I	4，7
2－8	A	1，2，3	9－12	I	4，7
6－7	A	1，2，3	10－11	I	1，6
2－3	E	1，3	10－12	I	4，7
3－4	E	1，3	1－3	O	7
4－5	E	1，2，3	1－12	O	4
5－6	E	1，2，3	2－4	O	7
7－8	E	1，3	2－7	O	7
2－12	I	4，7	4－12	O	4，5
3－12	I	4，7	6－12	O	4，5
5－12	I	4，7	8－12	O	4，5

根据表 4－11 将作业单元对之间的非物流等级关系整理成相关图，图中每个菱形格被短横线分隔为上下两部分，上半格标注作业单元对之间的非物流关系密切等级，下半格标出对应的评判理由序号，如图 4－14 所示。图中共包含 A 级作业单元对 3 对，E 级作业单元对 5 对，I 级作业单元对 7 对，O 级作业单元对 7 对，U 级作业单元对 44 对，无必须远离的 X 级作业单元对，各等级的作业单元对数量均符合划分标准。

4.4.3 综合关系分析

在物流关系与非物流关系分析的基础上，对每个等级进行量化赋值并按一定的权重进行综合关系分析。m 代表物流关系权重，n 代表非物流关系权重，$m:n$ 的取值范围一般在 1:3～3:1 之间。当 $m:n > 3:1$ 时，物流关系占据主导地位，布局时仅需要考虑物流因

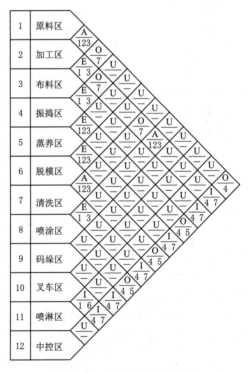

图 4－14 非物流关系相关图

素；当 $m:n<1:3$ 时，非物流关系对生产线布局的影响更大，此时则无需考虑物流因素。由于该生产线具有高度自动化水平，物流因素对生产线的影响大于非物流因素的影响，但仍需要考虑一定的非物流影响因素，因此选取 $m:n=3:1$。综合关系等级的分值计算公式如下：

$$TR_{ij}=mMR_{ij}+nNR_{ij} \tag{4-9}$$

式中：TR_{ij} 为综合关系分值；MR_{ij} 为物流关系分值；NR_{ij} 为非物流关系分值。MR_{ij} 与 NR_{ij} 的取值通过对其物流关系等级与非物流关系等级的量化赋值而得，通常取 A＝4，E＝3，I＝2，O＝1，U＝0，X＝−1。

根据式（4-9）计算得到各个作业单元对的综合关系分值，并将量化后的综合关系分值按照从大到小的顺序进行排列，然后根据一定的比例划分出对应的综合关系等级，见表 4-12。在作业单元对中，1％～3％的划分为 A 级，2％～5％的划分为 E 级，3％～8％的划分为 I 级，5％～15％的划分为 O 级，20％～85％的划分为 U 级，0～10％的划分为 X 级。

表 4-12　　　　　　　　　　综合关系量化表

序号	作业单元对	物流关系等级	分值	非物流关系等级	分值	综合关系等级	分值	序号	作业单元对	物流关系等级	分值	非物流关系等级	分值	综合关系等级	分值
1	1-2	I	2	A	4	I	10	23	3-5	U	0	U	0	U	0
2	1-3	U	0	O	1	U	1	24	3-6	U	0	U	0	U	0
3	1-4	U	0	U	0	U	0	25	3-7	U	0	U	0	U	0
4	1-5	U	0	U	0	U	0	26	3-8	U	0	U	0	U	0
5	1-6	U	0	U	0	U	0	27	3-9	U	0	U	0	U	0
6	1-7	U	0	U	0	U	0	28	3-10	U	0	U	0	U	0
7	1-8	U	0	U	0	U	0	29	3-11	U	0	U	0	U	0
8	1-9	U	0	U	0	U	0	30	3-12	U	0	I	2	O	2
9	1-10	U	0	U	0	U	0	31	4-5	I	2	E	3	I	9
10	1-11	U	0	U	0	U	0	32	4-6	U	0	U	0	U	0
11	1-12	U	0	O	1	U	1	33	4-7	U	0	U	0	U	0
12	2-3	O	1	E	3	O	6	34	4-8	U	0	U	0	U	0
13	2-4	U	0	O	1	U	1	35	4-9	U	0	U	0	U	0
14	2-5	U	0	U	0	U	0	36	4-10	U	0	U	0	U	0
15	2-6	U	0	U	0	U	0	37	4-11	U	0	U	0	U	0
16	2-7	U	0	O	1	U	1	38	4-12	U	0	O	1	U	1
17	2-8	O	1	A	4	I	7	39	5-6	E	3	E	3	E	12
18	2-9	U	0	U	0	U	0	40	5-7	U	0	U	0	U	0
19	2-10	U	0	U	0	U	0	41	5-8	U	0	U	0	U	0
20	2-11	U	0	U	0	U	0	42	5-9	U	0	U	0	U	0
21	2-12	U	0	I	2	O	2	43	5-10	U	0	U	0	U	0
22	3-4	E	3	E	3	E	12	44	5-11	U	0	U	0	U	0

续表

序号	作业单元对	物流关系		非物流关系		综合关系		序号	作业单元对	物流关系		非物流关系		综合关系	
		等级	分值	等级	分值	等级	分值			等级	分值	等级	分值	等级	分值
45	5-12	U	0	I	2	O	2	56	7-12	U	0	I	2	O	2
46	6-7	O	1	A	4	I	7	57	8-9	U	0	U	0	U	0
47	6-8	U	0	U	0	U	0	58	8-10	U	0	U	0	U	0
48	6-9	I	2	U	0	O	6	59	8-11	U	0	U	0	U	0
49	6-10	U	0	U	0	U	0	60	8-12	U	0	O	1	U	1
50	6-11	U	0	U	0	U	0	61	9-10	E	3	U	0	I	9
51	6-12	U	0	O	1	O	1	62	9-11	U	0	U	0	U	0
52	7-8	O	1	E	3	O	6	63	9-12	U	0	I	2	O	2
53	7-9	U	0	U	0	U	0	64	10-11	A	4	I	2	A	14
54	7-10	U	0	U	0	U	0	65	10-12	U	0	I	2	O	2
55	7-11	U	0	U	0	U	0	66	11-12	U	0	U	0	U	0

根据表4-12将作业单元对之间的综合关系等级整理成相关图，如图4-15所示。图中共包含A级作业单元对1对，E级作业单元对2对，I级作业单元对5对，O级作业单元对9对，U级作业单元对49对，没有必须远离的X级作业单元对，各等级的作业单元对数量均符合划分标准。

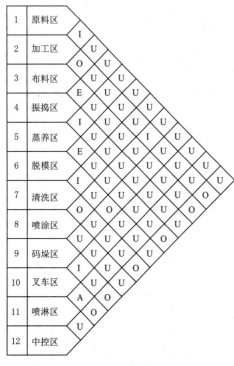

图4-15 综合关系相关图

4.4.4 备择布局方案

位置相关图能够直观反映出各个作业单元之间的等级关系。根据综合关系相关图可以绘制出相应的位置相关图，用4条线段表示A级关系，3条线段表示E级关系，2条线段表示I级关系，1条线段表示O级关系，U级关系不用线段表示。在进行作业单元位置相关图绘制时需要注意以下几点[101]：

（1）在进行绘制时应按照作业单元等级由高到低进行布置，首先从A级作业单元开始入手，再依次对E、I、O级作业单元进行布置，X等级的作业单元应当尽量远离。

（2）每次布置时应先分析与图中已完成布置的作业单元之间的相互关系，若同一作业单元与其他多个作业单元之间存在非U级关系，则优先布置其中关系等级较高的作业单元。例如，作业单元10与作业单元9、11、12之间均存在非U级的相互关系，其等级分别为I、

A、O 级，则在进行绘制时，优先确定作业单元 10 与 11 之间的 1 个单位距离，再考虑其与作业单元 9 和 12 之间的距离关系。

（3）当出现作业单元无法布置到合适位置的情况时，可以在确保布局合理性的前提下，对现有的布局进行相应的调整。

预制构件生产线布局的位置相关关系如图 4-16 所示。

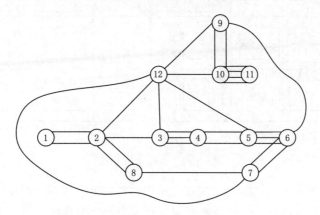

图 4-16　位置相关图

在明确各作业单元之间相关关系等级的基础上，可以依据一定的原则和方法将位置相关图转化相应的备择方案。根据生产线中物流路径的形式，常见的布局方式主要包括：单行布局、多行布局和环形布局[119]。由于多行布局多用于柔性制造系统，在加工过程中易于实现设备的共用需求，具有物流路线短、设备利用率高等优点，因此选择以多行布局方式进行初步的生产线布局设计，以确定各作业单元的行间分布及行内排序。需要进行布局设计的作业单元共 12 个，用于规划的预制构件生产车间长 58.40m，宽 52.86m，近似可以看作一个正方形区域，可以将九宫格法推广为十六宫格来进行各作业单元的初步简单规划[120]。

由于线路原因及企业的具体要求，5 号作业单元位置已固定，且为横向布置。由于位置相关图中 12 号控制中心与其他作业单元之间的连线较多，且在布局现状分析中发现当前控制中心的位置不尽合理，为了便于管理人员对各项工序进行日常巡检，将 12 号控制中心确定在较为中心的内层宫格中。

按照位置相关图中连线等级依次布置各个作业单元。先将 A 级关系的 10 号叉车区与 11 号喷淋区紧邻放置，考虑到该作业单元对中包含的工序是生产线的末尾工序，因此布置在外围的宫格中。E 级关系的作业单元对包括 3 号布料区与 4 号振捣区、5 号蒸养区与 6 号脱模区，由于 5 号蒸养区的位置已确定，因此将 6 号脱模区布置在其周围，3 号布料区与 4 号振捣区也需要相邻布置。I 级与 O 级的作业单元对中涉及的未布置区域也按照此思路分别进行布置。

在布置 I 级与 O 级作业单元对时，若涉及的区域已经布置，则根据等级关系对已有的区域进行相应的调整。在所有作业单元完成布置后，根据工艺流程对整体方案进行再次调整，以保证生产线的物流线路合理畅通。

综上所述，基于 SLP 方法可以得到两种备择布局方案，如图 4-17 所示。

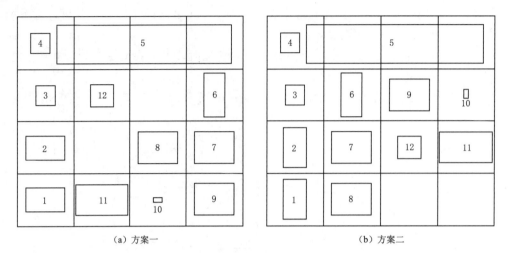

(a) 方案一　　　　　　　　　　　　　　　(b) 方案二

图 4-17　备择布局方案

　　与传统的摆样法等相比,SLP 方法有着系统的布局依据和详细的设计步骤,所得方案具有一定的科学性和合理性,但在最终将位置相关图转化为具体布局方案时,仍在一定程度上依赖了设计者的经验水平。此外,作业单元对之间的距离只停留在定性层面,即仅能确定区域之间的相对远近,难以确定具体的距离数据。为了得出更加严谨的布局设计结果和各作业单元具体的位置坐标,下一节中采用智能算法进一步对生产线布局进行优化设计。本节计算得到的各作业单元之间的综合关系分值将作为下一节目标函数的参数,所确定的四种备择布局方案将作为遗传算法中的初始种群参与到具体的优化过程中。

4.5　基于 GA 的空间布局优化模型

　　基于 GA 对预制构件生产车间进行空间布局优化,首先,建立空间布局优化模型,设定优化目标、模型和 GA 参数,采用 GA 求得最优解,并对优化后的生产线布局进行分析。

4.5.1　模型构建

4.5.1.1　模型建立

　　根据预制构件生产线的实际情况,在对其进行布局优化前提出以下假设:

　　(1) 所有作业单元位于同一平面内,不考虑高度方向。

　　(2) 需要进行规划的构件生产车间长为 L,宽为 W,以该区域的左下角为原点,建立相应的直角坐标系,构件生产车间作业单元布局坐标如图 4-18 所示。

　　(3) 各作业单元均设定为矩形,其长与宽的方向分别平行于坐标系的 x 轴及 y 轴。

　　(4) 以作业单元的中心坐标作为其位置坐标。

　　(5) 各作业单元的面积已确定,作业单元对之间的物流量已知。

4.5.1.2　目标函数

　　预制构件生产空间布局设计目的主要包含两个方面:一是减少物流强度,以降低物料

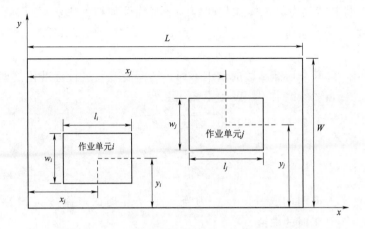

图 4-18　构件生产车间作业单元布局坐标示意图

流动的生产资金投入；二是增加作业单位间的紧密程度，使生产线高效紧凑。因此，应以物流强度最小化和作业单元对间的综合关联度最大化为目标建立目标函数。

目标函数 1：物流强度最小化

$$\min Z_1 = \sum_{i=1}^{n} \sum_{j=1}^{n} f_{ij} d_{ij} \qquad (4-10)$$

式中：Z_1 为作业单元间物流强度函数；f_{ij} 为作业单元 i 与作业单元 j 之间的物流量；d_{ij} 为作业单元 i 与作业单元 j 之间的曼哈顿距离，$d_{ij} = |x_i - x_j| + |y_i - y_j|$。

目标函数 2：综合关联度最大化

$$\max Z_2 = \sum_{i=1}^{n} \sum_{j=1}^{n} b_{ij} T_{ij} \qquad (4-11)$$

式中：Z_2 为作业单元间综合关联度函数；b_{ij} 为作业单元 i 与作业单元 j 之间的邻接度，具体划分规则见表 4-13；T_{ij} 为作业单元 i 与作业单元 j 之间的综合关系分值，见表 4-12。

表 4-13　　　　　　　　　　　邻 接 度 的 划 分

功能区间距 d_{ij}	邻接度 b_{ij}	功能区间距 d_{ij}	邻接度 b_{ij}
$[0, d_{\max}/6)$	1	$[d_{\max}/2, 2d_{\max}/3)$	0.4
$[d_{\max}/6, d_{\max}/3)$	0.8	$[2d_{\max}/3, 5d_{\max}/6)$	0.2
$[d_{\max}/3, d_{\max}/2)$	0.6	$[5d_{\max}/6, d_{\max}]$	0

此外，在布局过程中每个作业单元有横向与纵向两种布置形式，因此设定一个 $0 \sim 1$ 变量 S_i 来体现作业单元的布置方向，并且假定在作业单元横向布置时功能区的长与宽不变，纵向布置时其长与宽互换。

$$S_i = \begin{cases} 0, & \text{作业单元 } i \text{ 横向布置} \\ 1, & \text{作业单元 } i \text{ 纵向布置} \end{cases} \qquad (4-12)$$

为解决生产线的布局设计问题，算法中提出了两个目标函数，包括 Z_1：物流强度最小和 Z_2：作业单元间综合关联度最大，该模型属于多目标优化问题，为了降低求解过程的复杂性，需要将其转化为单目标优化问题。采用线性加权的方法对目标函数进行整合，分别在目标函数 Z_1 和 Z_2 前加入权重值 w_1 和 w_2，且 $w_1 + w_2 = 1$，整合后得：

$$\min Z = w_1 Z_1 - w_2 Z_2 \tag{4-13}$$

由于 Z_1 和 Z_2 这两个目标函数的量纲不同，还需要对其进行标准化处理：

$$Z_1' = \frac{Z_1 - Z_{1\min}}{Z_{1\max} - Z_{1\min}} \tag{4-14}$$

$$Z_2' = \frac{Z_2 - Z_{2\min}}{Z_{2\max} - Z_{2\min}} \tag{4-15}$$

式中：$Z_{1\min}$ 为当 $d_{ij} = 0$ 时的取值；$Z_{1\max}$ 为当 $d_{ij} = d_{\max}$ 时的取值；$Z_{2\min}$ 为当 $b_{ij} = 0$ 时的取值；$Z_{2\max}$ 为当 $b_{ij} = 1$ 时的取值。

因此，得到的最终目标函数表达式为

$$\min Z = w_1 Z_1' - w_2 Z_2' \tag{4-16}$$

其中

$$Z_1' = \frac{\displaystyle\sum_{i=1}^{n}\sum_{j=1}^{n} f_{ij} d_{ij}}{\displaystyle\sum_{i=1}^{n}\sum_{j=1}^{n} f_{ij} d_{\max}} \tag{4-17}$$

$$Z_2' = \frac{\displaystyle\sum_{i=1}^{n}\sum_{j=1}^{n} b_{ij} T_{ij}}{\displaystyle\sum_{i=1}^{n}\sum_{j=1}^{n} T_{ij}} \tag{4-18}$$

在建立数学模型时，要将预制构件生产线布局设计过程中面临的实际情况考虑进去。第一，在布局设计时不能超出已经确定的规划区域；第二，各作业单元之间不能重叠布置；第三，由于线路原因及企业的具体要求，第 5 号作业单元位置已固定，且为横向布置。因此增加了三个约束条件，分别是边界约束、无重叠约束和固定约束。

（1）边界约束：

$$\frac{1}{2}[w_i S_i + l_i(1-S_i)] \leqslant x_i \leqslant L - \frac{1}{2}[w_i S_i + l_i(1-S_i)] \tag{4-19}$$

$$\frac{1}{2}[l_i S_i + w_i(1-S_i)] \leqslant y_i \leqslant W - \frac{1}{2}[l_i S_i + w_i(1-S_i)] \tag{4-20}$$

式中：L 和 W 分别为规划区域的总长与总宽。

（2）无重叠约束：

$$|x_i = x_j| \geqslant \frac{1}{2}[w_i S_i + l_i(1-S_i) + w_j S_j + l_j(1-S_j)] \tag{4-21}$$

$$|y_i - y_j| \geqslant \frac{1}{2}[l_i S_i + w_i(1-S_i) + l_j S_j + w_j(1-S_j)] \tag{4-22}$$

（3）固定约束：

$$S_5 = 0, (x_5, y_5) = (29.20, 46.00) \tag{4-23}$$

4.5.2　模型参数

4.5.2.1　优化模型参数

预制构件生产车间待优化布局的作业单元共计 12 个，各作业单元的详细尺寸信息见表 4-3。此外，各作业单元之间的物流量矩阵 f_{ij} 与综合关系分值矩阵 T_{ij} 如下所示：

$$f_{ij} = \begin{bmatrix} 0 & 71114 & 0 & 0 & 0 & 0 & 0 & 0 & 0 & 0 & 0 & 0 \\ 0 & 0 & 2660 & 0 & 0 & 0 & 0 & 0 & 0 & 0 & 0 & 0 \\ 0 & 0 & 0 & 366528 & 0 & 0 & 0 & 0 & 0 & 0 & 0 & 0 \\ 0 & 0 & 0 & 0 & 30544 & 0 & 0 & 0 & 0 & 0 & 0 & 0 \\ 0 & 0 & 0 & 0 & 0 & 91632 & 0 & 0 & 0 & 0 & 0 & 0 \\ 0 & 0 & 0 & 0 & 0 & 0 & 2472 & 0 & 43344 & 0 & 0 & 0 \\ 0 & 0 & 0 & 0 & 0 & 0 & 0 & 6311 & 0 & 0 & 0 & 0 \\ 0 & 7416 & 0 & 0 & 0 & 0 & 0 & 0 & 0 & 0 & 0 & 0 \\ 0 & 0 & 0 & 0 & 0 & 0 & 0 & 0 & 0 & 86688 & 0 & 0 \\ 0 & 0 & 0 & 0 & 0 & 0 & 0 & 0 & 0 & 0 & 239139 & 0 \\ 0 & 0 & 0 & 0 & 0 & 0 & 0 & 0 & 0 & 0 & 0 & 0 \\ 0 & 0 & 0 & 0 & 0 & 0 & 0 & 0 & 0 & 0 & 0 & 0 \end{bmatrix}$$

$$T_{ij} = \begin{bmatrix} 0 & 10 & 1 & 0 & 0 & 0 & 0 & 0 & 0 & 0 & 0 & 1 \\ 10 & 0 & 6 & 1 & 0 & 0 & 1 & 7 & 0 & 0 & 0 & 2 \\ 1 & 6 & 0 & 12 & 0 & 0 & 0 & 0 & 0 & 0 & 0 & 2 \\ 0 & 1 & 12 & 0 & 9 & 0 & 0 & 0 & 0 & 0 & 0 & 1 \\ 0 & 0 & 0 & 9 & 0 & 12 & 0 & 0 & 0 & 0 & 0 & 2 \\ 0 & 0 & 0 & 0 & 12 & 0 & 7 & 0 & 6 & 0 & 0 & 1 \\ 0 & 1 & 0 & 0 & 0 & 7 & 0 & 6 & 0 & 0 & 0 & 2 \\ 0 & 7 & 0 & 0 & 0 & 0 & 6 & 0 & 0 & 0 & 0 & 2 \\ 0 & 0 & 0 & 0 & 0 & 6 & 0 & 0 & 0 & 9 & 0 & 2 \\ 0 & 0 & 0 & 0 & 0 & 0 & 0 & 0 & 9 & 0 & 14 & 2 \\ 0 & 0 & 0 & 0 & 0 & 0 & 0 & 0 & 0 & 14 & 0 & 0 \\ 1 & 2 & 2 & 1 & 2 & 1 & 2 & 2 & 2 & 2 & 0 & 0 \end{bmatrix}$$

由于 $d_{\max} = L + W = 58.40 + 52.86 = 111.26\text{m}$，根据前文的邻接度划分表（见表 4-13），可以计算得到不同功能区邻接度量化值见表 4-14。

表 4-14　　　　　　　　　邻 接 度 量 化 值

功能区间距 d_{ij}	邻接度 b_{ij}	功能区间距 d_{ij}	邻接度 b_{ij}
[0.00, 18.54)	1.0	[55.63, 74.17)	0.4
[18.54, 37.09)	0.8	[74.17, 92.72)	0.2
[37.09, 55.63)	0.6	[92.72, 111.26]	0.0

根据生产线实际情况，确定物流强度权重与综合关联度权重值分别为 $w_1=0.6$，$w_2=0.4$。

4.5.2.2 遗传算法参数

影响遗传算法效率和效果的参数主要包括种群规模 N、迭代次数 T、交叉概率 P_c 和变异概率 P_m。种群规模 N 过小不容易求出最优解，过大则会影响收敛时长；交叉概率 P_c 过小会限制算法的向前搜索，过大则容易破坏适应值较高的个体的结构；变异概率 P_m 过小不利于产生新的基因结构，过大会造成算法趋近于简单的随机搜索。通过查阅文献可以发现，目前在布局设计问题中，关于遗传算法自身参数的选择尚无统一的理论依据，在实际应用中通常采用试算对比的方法来确定出合理取值。

为了同时兼顾寻优性与运算速度，种群规模 N 通常在 $[30，160]$ 之间，迭代次数 T 一般在 $[100，2000]$ 之间，交叉概率 P_c 取值范围为 $[0.25，0.75]$，变异概率 P_m 一般在 $[0.01，0.2]^{[121]}$。在进行多次测试后，最终设定各项参数取值分别为：$N=100$，$T=1500$，$P_c=0.7$，$P_m=0.2$，精英比例 P_e 取 0.1。

4.5.3 模型求解

4.5.3.1 模型编码设计

常用的编码方式包括二进制编码、浮点数编码和符号编码。

（1）二进制编码。二进制编码是最常用的编码方式，它使用二进制数字 $\{0，1\}$ 对研究对象进行编码，编码的长度决定了求解的精度，例如 $\{0010101111\}$。二进制编码简单且容易操作，但其局部搜索能力较弱，且在计算时需要频繁地进行编码与解码工作，会导致算法计算量较大。

（2）浮点数编码。浮点数编码是指采用某一范围内的一个浮点数来表示个体的每个基因值，也称为真值编码方法。浮点数编码直接采用解空间的形式进行编码，意义明确，计算的精度较高、效率较快，适用于解决连续参数优化问题以及连续渐变问题。但基因操作不灵活，容易产生较多的劣质个体。

（3）符号编码。符号编码采用一组符号来表示染色体，例如 $\{A，B，C，\cdots\}$ 或 $\{1，2，3，\cdots\}$，每个符号仅代表染色体的基因，不代表具体的数值含义。符号编码能够使遗传算法更好地解决各种专业问题，也为遗传算法与其他各类算法的混合使用提供了很大的便利。但其在使用时需要着重关注交叉、变异等遗传策略的选择与设计。

由于浮点数编码能够处理的数据范围较大，且计算精度较高，适用于处理连续的坐标问题；而二进制编码使用的二值符号集 $\{0，1\}$ 也可表示作业单元的布置方向，因此采用二进制编码与浮点数编码相结合的方式对染色体进行编码，每条染色体代表着一种作业单元布局方案，染色体的表现形式如下：

$$P_k=\{(x_1,y_1),(x_2,y_2),\cdots,(x_n,y_n)|S_1,S_2,\cdots,S_n\} \tag{4-24}$$

每条染色体包含两部分，前半段代表作业单元的中心坐标，后半段代表作业单元的布置方向。代表中心坐标的染色体部分采用浮点数编码方式；代表布置方向的染色体部分采用二进制编码方式，0 表示作业单元为横向布置，1 表示作业单元为纵向布置，布置方向示意图如图 4-19 所示。

4.5.3.2　初始种群

初始种群一般通过随机产生获得，也可以采取其他方法和策略生成。算法中初始种群包括随机产生和系统布置设计产生共两个部分，即将前文基于 SLP 方法得到的两种备择布局方案作为初始种群的一部分，其余则随机产生。由于 SLP 方法得到的设计方案无法确定具体的坐标数据，此处根据各个作业单元在

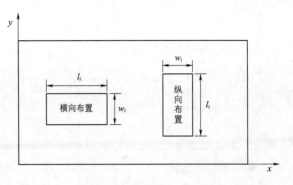

图 4-19　布置方向示意图

十六宫格中所处的相对位置，以每个宫格的中心点坐标为参照依据，大致设定各作业单元的坐标。按照设定的编码机制，两种备择布局方案对应的染色体分别为

$$P_1 = \left\{ \begin{array}{l} (7.3, 6.6075), (7.3, 19.8225), (7.3, 33.0375), \\ (7.3, 46.2525), (29.2, 46.0000), (51.1, 33.0375), \\ (51.1, 19.8225), (36.5, 19.8225), (51.1, 6.6075), \\ (36.5, 6.6075), (21.9, 6.6075), (21.9, 33.0375) \end{array} \right| \left. \begin{array}{l} 0,0,1,1,0,1,0,0,1,0,0,0 \end{array} \right\}$$

$$P_2 = \left\{ \begin{array}{l} (7.3, 6.6075), (7.3, 19.8225), (7.3, 33.0375), \\ (7.3, 46.2525), (29.2, 46.0000), (21.9, 33.0375), \\ (21.9, 19.8225), (21.9, 6.6075), (36.5, 33.0375), \\ (51.1, 33.0375), (51.1, 19.8225), (36.5, 19.8225) \end{array} \right| \left. \begin{array}{l} 1,1,1,1,0,1,1,0,0,1,0,1 \end{array} \right\}$$

4.5.3.3　适应度函数

适应度函数又称评价函数，是遗传算法中用于评价个体优劣的标准，能够引导算法向最优解逐渐逼近[122]。在种群中，适应度值高的个体通常对环境有着更强的适应能力，也就有更大的概率参与繁衍并向下一代遗传自己的基因；适应度值低的个体则容易被淘汰，相应的劣势基因也随之被淘汰。在设计适应度函数时，需要考虑通用性强、计算量小、非负、单值等因素。适应度函数通常由目标函数转化而来，主要包括直接转化法、界限构造法和取倒数法。

（1）直接转化法。目标函数为最大值问题时：

$$F(x) = f(x) \tag{4-25}$$

目标函数为最小值问题时：

$$F(x) = -f(x) \tag{4-26}$$

（2）界限构造法。目标函数为最大值问题时：

$$F(x) = \begin{cases} f(x) - c_{\min} & f(x) > c_{\min} \\ 0 & \text{其他} \end{cases} \tag{4-27}$$

目标函数为最小值问题时：

$$F(x) = \begin{cases} c_{\max} - f(x) & f(x) < c_{\max} \\ 0 & \text{其他} \end{cases} \tag{4-28}$$

（3）取倒数法。目标函数为最大值问题时：

$$F(x) = \frac{1}{1 + c - f(x)} \quad c \geqslant 0, c - f(x) \geqslant 0 \qquad (4-29)$$

目标函数为最小值问题时：

$$F(x) = \frac{1}{1 + c + f(x)} \quad c \geqslant 0, c + f(x) \geqslant 0 \qquad (4-30)$$

公式中的符号及含义见表 4-15：

表 4-15   符 号 及 含 义 表

符号	含 义	符号	含 义
$F(x)$	适应度函数	c_{max}	目标函数的最大估值
$f(x)$	目标函数	c	目标函数界限的保守估计值
c_{min}	目标函数的最小估值		

算法的目标函数是 $minZ = w_1 Z_1' - w_2 Z_2'$，是最小值求解问题。选取界限构造法将目标函数转化为适应度函数，最终定义的适应度函数为

$$F(x) = \begin{cases} c_{max} - f(x) & f(x) < c_{max} \\ 0 & 其他 \end{cases}, \ 其中: f(x) = w_1 Z_1' - w_2 Z_2' \qquad (4-31)$$

4.5.3.4 遗传算子

遗传算子即遗传操作的策略，是遗传算法的重要组成部分，由选择算子、交叉算子和变异算子构成[123]。采用遗传算法求解布局设计问题时，不同的遗传策略会造成布局方案有所差异。相关文献[124] 表明，采用浮点数进行遗传算法编码时各种遗传策略的优越性不同：在选择策略中，轮盘赌＞锦标赛＞随机选择；在交叉策略中，当迭代次数小于 1500 次时，均匀交叉＞双点交叉＞单点交叉；当迭代次数大于 1500 次时，均匀交叉＞单点交叉＞双点交叉；在变异策略中，高斯变异＞非均匀变异＞均匀变异。因此采用轮盘赌＋精英保留策略选择算子，对浮点数编码部分分别采用均匀交叉和高斯变异策略，对二进制编码部分则采用最常用的单点交叉和基本位变异策略。

（1）选择算子。常用的选择算子主要包括轮盘赌选择、锦标赛选择、随机遍历抽样、局部选择和截断选择[125]，采用最常用的轮盘赌法进行遗传算法中的选择运算。轮盘赌是一种基于比例的选择，每条染色体对应圆盘中的一块扇形区域，扇形的面积大小由其适应度值确定，适应度值越高，扇形面积就越大，被选中的概率就越大，其后代被保留的可能性就越大[126]。在采用轮盘赌进行选择时，假设种群大小为 M，个体 i 的适应度值为 F_i，则个体 i 被选中的概率 P_i 为

$$P_i = \frac{F_i}{\sum\limits_i^M F_i} (i = 1, 2, \cdots, M) \qquad (4-32)$$

由于轮盘赌是一种随机操作的选择策略，可能会出现种群中的精英个体没有被选中的情况，从而导致子代的个体性能比父代差。因此还选择了精英保留策略来配合轮盘赌进行遗传算法的相应操作[127]，主要包括三个步骤，如图 4-20 所示。

第一步，在父代中找出适应度最高的精英个体，直接进入新一代种群。

第二步，将剩余的父代种群个体进行选择、交叉、变异操作，其中选择操作时采用轮

盘赌策略。

　　第三步,将经过遗传操作的新个体与保留的精英个体共同组成新一代种群。

　　(2) 交叉算子。浮点数编码采用均匀交叉方法对两个父代染色体进行基因重组,即以相同的概率对每个基因座上的基因进行交换,从而形成新的子代,如图 4-21 所示。

　　二进制编码采用单点交叉的方式对两个父代染色体进行基因重组,即在编码串中随机选取一个位置作为交叉点,将交叉点之前或之后的两个父代基因进行交换,从而形成子代。单点交叉如图 4-22 所示。

　　(3) 变异算子。浮点数编码采用高斯变异法进行变异操作,即在原有个体 X_i 的基础上增加

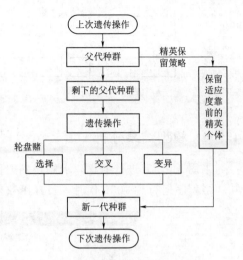

图 4-20　精英保留策略

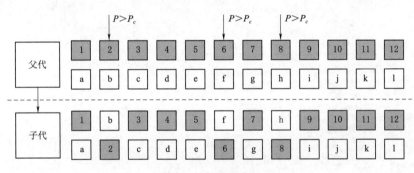

图 4-21　均匀交叉

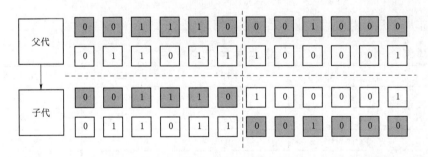

图 4-22　单点交叉

一个高斯分布型的随机扰动项 $X_i \times N(0,1)$,其定义式如式 (4-33) 所示。其中,$N(0,1)$ 为服从均值为 0、均方差为 1 的高斯分布[128]。

$$X'_i = X_i + X_i N(0,1) \qquad (4-33)$$

　　二进制编码采用基本位变异法进行变异操作,即对选中的基因值做反运算从而形成子代。基本位变异如图 4-23 所示。

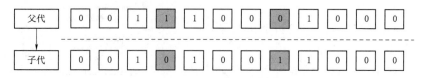

图 4-23 基本位变异

4.5.4 模型结果分析

采用 Matlab 进行编程，求解得到遗传算法优化结果如图 4-24 所示。由图 4-24 可知：当程序运行到 1036 代时，目标函数值趋于稳定，可以认为此时已接近最优解。

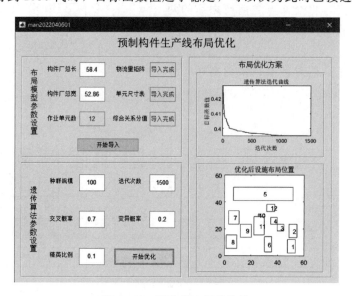

图 4-24 遗传算法优化结果

与该布局示意图对应的作业单元中心坐标见表 4-16。

表 4-16　作业单元中心坐标

编号	作业单元	X 坐标	Y 坐标	布置方向
1	原料区	50.5831	7.0265	纵向
2	加工区	51.7980	18.4771	纵向
3	布料区	42.3732	20.9726	横向
4	振捣区	37.3177	26.0309	纵向
5	蒸养区	29.2000	46.0000	横向
6	脱模区	32.9077	8.5556	纵向
7	清洗区	6.9896	28.4961	纵向
8	喷涂区	5.2588	10.4374	纵向
9	码垛区	16.0794	18.6115	纵向
10	叉车区	26.0438	30.0937	纵向

续表

编号	作业单元	X 坐标	Y 坐标	布置方向
11	喷淋区	26.0617	22.2600	纵向
12	中控区	34.8567	35.5828	横向

通过遗传算法得出的优化方案是建立在各种假设条件之上的，并不能完全满足生产的实际需求，因此需要根据一定的布局原则对遗传算法得到的方案进行适当的人工调整，从而得出最终的优化布局方案。

4.6 空间布局优化结果及评价

根据布局调整的各项原则，将上述确定的优化布局方案结合 GA 进行人工调整确定各作业单元的中心坐标及布置方向，并对其进行定性和定量分析。

4.6.1 布局优化原则

合理高效的生产线布局不仅能够优化运输路径、降低物流强度、提高空间利用率，同时还可以方便日常的管理工作，满足企业未来的发展需求，在此基础上尽量追求协调美观的布局效果。为了满足这些布局目标，结合预制构件生产线的实际生产需求，在对布局方案进行人工调整时应遵循以下几项原则[129]：

（1）工艺流程顺畅原则。在进行布局调整时，要保证各作业单元之间的关系符合预制构件的加工工艺流程，使构件能够在各个作业单元之间顺畅地流通。

（2）物流路径最短原则。在物流路线顺畅的前提下，要尽量降低或避免工序之间的多次往返和交叉流动，将运输距离降到最低。

（3）空间利用率最大化原则。在有限的布局场地内，通过合理规划各作业单元的位置，有效利用空间资源，减少零散的小面积闲置区域，实现空间利用率最大化的目标。

（4）柔性生产原则。目前该预制构件生产线处于起步阶段，产品较为单一，未来的构件数量及品种需求将会不断变化，因此要在布局方案中预留一定的发展空间以应对不同阶段的市场需求，或满足扩大生产能力的需要，使生产线具有较高的灵活性。

（5）以人为本原则。虽然书中预制构件生产线具有较高的自动化水平，但仍需要几名现场管理人员进行日常的巡检工作，在布局调整时需要保障这些人员的安全与健康，使其尽量远离各项危险因素，并最大限度地为其日常管理工作提供方便。

（6）协调美观原则。在进行布局调整时，在满足上述几项原则的前提下，可以尽量追求协调美观的布局效果，使生产线各作业单元排列整齐，避免杂乱无章。

4.6.2 布局优化方案

根据相应的布局调整原则，对遗传算法得到的方案进行适当的人工调整，具体的布局调整如图 4 - 25 所示。

（1）根据工艺流程顺畅原则、物流路径最短原则和空间利用率最大化原则，将 6 号脱模区调整至 7 号清洗区东侧。此调整既可以缩短 5→6→7→8 和 5→6→9→10→11 这两条

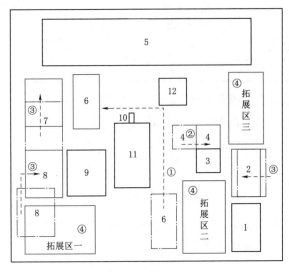

图 4-25　布局调整示意图

物流路线，使工序衔接更加流畅；又可以填补 7、9、10 及 11 号作业单元之间形成的空白闲置区域，提高空间利用率。

（2）根据物流路径最短原则、以人为本原则和协调美观原则，将 4 号振捣区调整至 3 号布料区正北方向。由于振捣区在进行工作时会产生较大的振动并伴有一定的噪音，因此需要尽量远离 12 号中控区，此调整可以在不增加搬运距离的前提下，既实现尽量远离的要求，又同时兼顾了协调美观原则的需要。

（3）根据协调美观原则，将 2 号加工区、7 号清洗区和 8 号喷涂区分别进行细微调整，使它们与其他各作业单元之间的位置相对整齐，使生产线布局更加美观。

（4）根据柔性生产原则和空间利用率最大化原则，在剩余的大面积闲置区域分别规划三个拓展区域，其尺寸分别为：15m×10m，15m×9m，15m×7.3m。拓展区域可以用于布置宣传展示区、生产安全教育区或用于布置"五牌一图"等，也可以用于满足生产线未来扩大规模和扩充功能的需要。

经过人工调整后的最终优化布局方案和对应的物流路线如图 4-26 和图 4-27 所示，其中实线箭头代表模具盒物流路线，虚线箭头代表混凝土物流路线，点划线箭头代表钢筋物流路线（从 2 号作业单元开始钢筋路线与混凝土路线重合）。

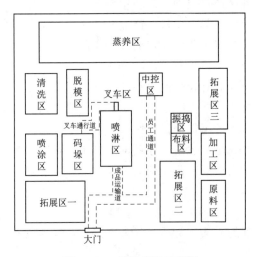

图 4-26　最终布局示意图

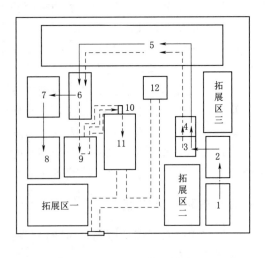

图 4-27　物流路线图

最终布局方案中各作业单元的中心坐标及布置方向见表 4-17。

表 4 - 17　　　　　　　　　　　　　最终布局的中心坐标

编号	作业单元	X 坐标	Y 坐标	布置方向
1	原料区	50.5831	7.0265	纵向
2	加工区	50.5831	18.4771	纵向
3	布料区	42.3732	20.9726	横向
4	振捣区	42.3732	26.0309	纵向
5	蒸养区	29.2000	46.0000	横向
6	脱模区	16.0794	33.4961	纵向
7	清洗区	6.9896	33.4961	纵向
8	喷涂区	6.9896	18.4961	纵向
9	码垛区	16.0794	18.6115	纵向
10	叉车区	26.0438	30.0937	纵向
11	喷淋区	26.0617	22.2600	纵向
12	中控区	34.8567	35.5828	横向

4.6.3　布局方案评价

（1）定性评价。为验证优化方案的合理性与优越性，针对前文生产线初始布局方案中存在的问题，逐一与最终的优化布局方案进行对照分析，从定性角度对方案进行初步评价。

1）针对初始方案中 12 号中控区位置不尽合理的问题，优化方案中的 12 号中控区所处的位置既远离 8 号喷涂区，保证了管理人员的身体健康；又使巡检过程避开了叉车的行进路线，确保安全生产。

2）针对初始方案中叉车搬运路线过长的问题，优化方案中的 9 号码垛区与 11 号喷淋区相邻布置，极大地缩短了叉车的搬运距离，同时 11 号喷淋区距离构件生产车间大门更近，也缩短了成品构件出厂运输，降低了构件的生产成本。

3）针对图 4 - 12 F - D 图中所反映出的问题，在优化方案中均进行了相应的优化：首先，对Ⅱ区中的作业单元对 3 - 4 进行了微调，在优化布局中使其紧邻布置，进一步减小其距离；其次，对Ⅲ区中的作业单元对 10 - 11 进行着重调整，通过缩短码垛区与喷淋区的距离，极大缩短了叉车的运输路线，并将叉车区布置在喷淋区附近，便于叉车的日常调度；最后，对Ⅳ区中的作业单元对 4 - 5、5 - 6 以及 6 - 9，均进一步缩短了它们之间的搬运距离。

（2）定量评价。根据各作业单元的中心坐标分别计算初始方案及优化方案的物流强度、综合关联度、运输路线长度及空间利用率，从定量角度对方案进行初步评价，结果见表 4 - 18。

从表 4 - 18 中可以看出：与初始方案相比，优化方案的物流强度降低了 50.92%，运输路线缩短了 16.17%，因此也相应地减少了物料流动带来的生产资金的投入；综合关联度提高了 3.17%，空间利用率提高了 37.32%，说明优化方案加强了各作业单元间的密切程度，在有限的布局场地内减少了空间上的浪费，使生产线更加紧凑。

表 4-18   定 量 评 价

评价指标	初始方案	优化方案	优化比例/%
目标函数 1：物流强度/(kg·m)	22164911.91	10879627.03	50.92
目标函数 2：综合关联度	100.80	104.00	3.17
运输路线长度/m	236.05	197.87	16.17
空间利用率/%	34.24	47.02	37.32

4.7 本章小结

本章采用系统布置设计方法对预制构件生产车间空间布局进行初步设计，并从定性与定量两个方面对其进行分析，发现初始布局中存在结构松散、空间利用率低、部分作业单元位置不尽合理等问题。采用 SLP 方法对生产线的动态物流关系和静态非物流关系分别进行分析，得出各作业单元之间的综合相关关系，得到两种可行的生产线布局初步方案。以物流强度最小化和综合关联度最大化为目标函数，采用遗传算法计算得到初步的优化方案，通过对其进行适当调整，形成最终的优化布局方案。最后从定性和定量两个方面对该方案进行初步评价，结果表明优化方案的物流强度降低了 50.92%，运输路线缩短了16.17%，综合关联度提高了 3.17%，空间利用率提高了 37.32%，从而验证了该方案能够降低生产线物流强度，提高各作业单元间的密切程度。

第 5 章

预制构件生产车间布局仿真调度

利用 Arena 软件建立预制构件生产车间布局模型，对各项工序进行定义，利用实际生产数据进行拟合并将结果和布局数据输入至仿真模型中，进行对比分析得到优化布局模型。在生产线仿真模型和优化布局模型基础上构建生产线排产问题优化目标函数，结合遗传算法计算得到最优排产序列，与优化前的结果进行对比分析。

5.1 空间布局仿真软件

预制构件生产车间空间布局仿真可以用来模拟和分析不同的布局下生产线的运行情况，帮助确定更优的布局方案。Arena 软件建立的模型有着较强的易用性且便于管理，同时将仿真工具的易用性和编程语言的灵活性相结合，近年来在车间空间布局中得到广泛应用。

5.1.1 布局仿真软件

计算机仿真软件是在软件工程、运筹仿真学、自动控制及人工智能等技术的基础上综合发展而成的。设计者可以通过计算机仿真软件对各作业单元进行布局，并利用软件的仿真运行功能进行模拟仿真。运用计算机仿真软件进行布局设计，既可以通过剖析运行产生的仿真数据发掘布局的不妥之处，实现进一步的优化调整；又可以对备选方案进行比选与评价，得出较优的布局方案。目前常用的仿真软件主要包括 AutoMod、Witness、Arena、Flexsim、Plant Simulation 等。常用软件的特点见表 5 – 1[130]。

表 5 - 1　　　　　　　　　　常用布局仿真软件比较

软件名称	开发公司	特　　点
AutoMod	Brooks Automation	①精确的三维建模功能，虚拟现实动画显示； ②需要建立过程语言，建模操作较为复杂
Witness	Lanner	①操作简单灵活，系统配置要求低； ②不适合于由概念设计开始的动态构建过程
Arena	Rockwell	①具备高级仿真器的易用性； ②具备专用仿真语言的柔性
Flexsim	Flexsim	①面向对象技术建模，调试方便； ②扩展性强，开放性好
Plant Simulation	Tecnomatix	①具有形象丰富的建模单元和瓶颈分析功能； ②可与多种软件实时通信，形成灵活的仿真群，但价格比较昂贵

使用计算仿真软件进行生产线的布局设计重要目的在于对方案进行对比分析，以验证优化方案是否具有可行性、合理性和高效性，因此对软件的可视化和扩展性要求不高，最终选取 Arena 软件作为预制构件空间布局仿真工具。

5.1.2　Arena 软件

Arena 是一款通用性仿真软件，该软件基于面向对象的思想和结构化的建模理念，将柔性的仿真语言与仿真软件相结合[131]，广泛应用于制造业、服务业、物流及供应链等领域的系统建模与仿真研究中，能够实现资源配置、业务过程规划、系统性能评价和风险预测等[132]。

运用 Arena 软件进行仿真建模的流程如图 5 - 1 所示。

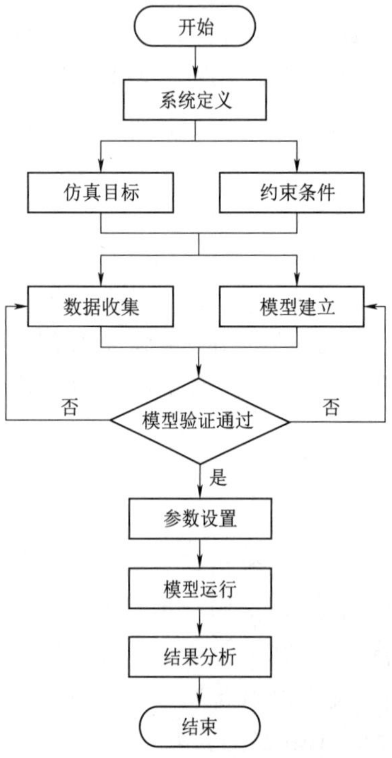

与其他仿真软件相比，Arena 软件具有诸多优势：

（1）层次性建模结构。Arena 构建了层次性建模结构，包含语言层、SIMAN 模块层、Arena 模块层和应用方案模块层共四个层次。在 Arena 环境下，模型最基本的构成元素被称之为"对象"，其具有封装性和继承性，各个对象之间相互作用共同组成模型，因此模型自身也具有模块化特点；模型又与其他模块或对象构成更为复杂的模型，从而形成层次建模。层次性建模结构使得采用 Arena 建立的模型有着较强的易用性，且便于管理。

（2）友好的用户界面。Arena 的用户界面简洁清晰，数据输入简便易操作，同时可以通过动画进行同步模拟，从而实现仿真过程的可视化。在结果输出时，采用图表结合的报表来显示仿真结果，使结果展示更加清晰直观。动态的画面、简洁的对话框等均展现出 Arena 软件的友好性。

（3）与其他开发软件的兼容性和接口。在 Arena 中可以使用 Fortran、C/C++ 等过程语言来进行建模

图 5 - 1　Arena 软件建模流程

或定制用户化的模块和面板，不仅能够满足个性化的用户需求，还能够进行科学化的分析处理，将仿真工具的易用性和编程语言的灵活性相结合，实现了高效的仿真建模。

5.2 空间布局仿真模型建立

考虑到 Arena 模型在预制构件生产车间空间布局仿真建模中的优势，目前已被广泛应用到车间布局及其优化等方面。本节对 Arena 仿真模型进行介绍，明确预制构件生产线仿真模型涉及到的各项加工过程、设备资源及具体作业内容。

5.2.1 Arena 仿真模型

Arena 模型的基本构件被称为模块，主要分为流程图模块（Flowchart Module）和数据模块（Data Module）两大类，用以定义仿真流程和仿真数据[133]。根据预制构件生产线仿真模型实际情况，下面主要介绍 Create 模块、Assign 模块、Process 模块、Station 模块、Route 模块、Batch 模块、Separate 模块、Decide 模块、Record 模块和 Dispose 模块[134]。

（1）Create 模块，见表 5-2。Create 模块是从外部进入模型的起点，用于定义实体类型及实体产生的规则。

表 5-2   Create 模块

参数	含义	模块样式	参数样式
Name	模块名称		
Entity Type	实体类型		
Type	到达时间的分布函数		
Value	分布函数中的参数值	Create 1	
Units	到达时间的单位		
Entities per Arrival	每次到达的实体数		
Max Arrivals	到达的实体数上限		
First Creation	第一个实体到达的时间		

（2）Assign 模块，见表 5-3。Assign 模块用于为变量、实体属性、实体类型、实体图片或其他系统变量分配新值，一个 Assign 模块可以进行多项赋值。

表 5-3   Assign 模块

参数	含义	模块样式	参数样式
Name	模块名称	Assign 1	
Assignments	进行赋值		

（3）Process 模块，见表 5-4。Process 模块可以定义实体的处理逻辑，表示一种操作或活动，用于模拟多类型的工序处理过程。

表 5-4　　　　　　　　　　　　　　　Process 模块

参　数	含　义	模块样式	参　数　样　式
Name	模块名称		
Type	操作逻辑运用的范围		
Action	处理的方式		
Delay Type	延时服从的函数类型		
Units	延时的时间单位		
Allocation	分配延时所造成成本的方式		

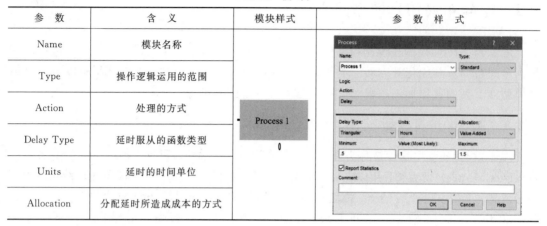

（4）Station 模块，见表 5-5。Station 模块用于模型中的站点设置，可以定义运输路线的出发点与目的地。

表 5-5　　　　　　　　　　　　　　　Station 模块

参　数	含　义	模块样式	参　数　样　式
Name	模块名称		
Station Type	站点类型	Station 1	
Station Name	站点名称		

（5）Route 模块，见表 5-6。Route 模块用于将实体运输到指定站点，可以设置运输到下一站点所需的运输时间。

表 5-6　　　　　　　　　　　　　　　Route 模块介绍

参　数	含　义	模块样式	参　数　样　式
Name	模块名称		
Route Time	运输时间		
Units	时间单位	Route 1	
Destination Type	目的地类型		
Station Name	目的地站点名称		

（6）Batch 模块，见表 5 - 7。Batch 模块代表打包过程，即实体累积到设定值后形成一批，在后续将进行统一处理。

表 5 - 7　　　　　　　　　　　　　　　Batch　模　块

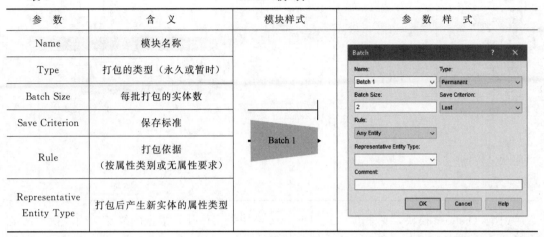

参　数	含　义	模块样式	参　数　样　式
Name	模块名称		
Type	打包的类型（永久或暂时）		
Batch Size	每批打包的实体数		
Save Criterion	保存标准		
Rule	打包依据（按属性类别或无属性要求）		
Representative Entity Type	打包后产生新实体的属性类型		

（7）Separate 模块，见表 5 - 8。Separate 模块代表拆包过程，将 Batch 模块所形成的包拆解为多个实体。

表 5 - 8　　　　　　　　　　　　　　　Separate　模　块

参　数	含　义	模块样式	参　数　样　式
Name	模块名称		
Type	拆包的规则（拆分或复制已打包实体）		
Member Attributes	拆包后实体性质（保留或赋予新属性）		

（8）Decide 模块，见表 5 - 9。Decide 模块用于模型的决策判断过程，包括一个或多个条件以及一个或多个概率。

表 5 - 9　　　　　　　　　　　　　　　Decide　模　块

参　数	含　义	模块样式	参　数　样　式
Name	模块名称		
Type	判断方式		

（9）Record 模块，见表 5-10。Record 模块用于仿真模型的统计，如时间间隔、实体信息等，也可以充当计数器。

表 5-10 Record 模块

参 数	含 义	模块样式	参 数 样 式
Name	模块名称	Record 1	
Statistic Definitions	数据定义		

（10）Dispose 模块，见表 5-11。Dispose 模块是实体离开模型的终点，代表模型已走完具体的仿真流程并离开模型边界，仿真流程结束。

表 5-11 Dispose 模块

参 数	含 义	模块样式	参 数 样 式
Name	模块名称	Dispose 1	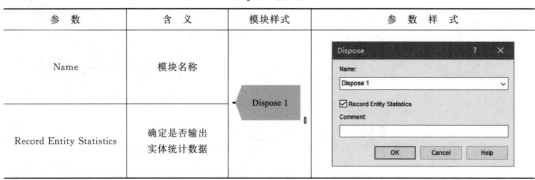
Record Entity Statistics	确定是否输出实体统计数据		

（11）输入分析器。除以上几个基本模块外，在建立预制构件生产线模型时还用到了 Arena 软件中自带的一款输入分析器（Input Analyzer），其主要功能是辅助用户进行原始数据的分析与处理，它能够将用户输入的原始数据拟合成相应的概率分布函数，并进行参数估计得出其拟合质量。该分析器能够按照正态分布、泊松分布、三角分布等多种分布函数进行拟合，可以有效避免繁琐的计算过程，提高用户的仿真建模效率。利用输入分析器进行数据拟合的步骤如图 5-2 所示，将原始数据以.txt 或.dst 的格式输入分析器中，在设置分组数后形成相应的频率直方图，点击 Fit All 即可自动生成最合适的拟合函数及其各项检验参数值。

5.2.2 仿真流程

利用 Arena 软件进行布局方案仿真时，主要包括模型描述和模型构建两个过程，仿真流程如图 5-3 所示。在进行模型描述时，需要确定仿真目标和约束条件，并在此基础上根据构件生产的具体工艺流程进行相应的工序定义，从而明确模型涉及的各项加工过程、

图 5-2 数据拟合步骤

设备资源及具体作业内容。在进行模型构建时，首先要通过一定的统计学方法采集所需的生产数据，并进行数据拟合分析，将其作为模型参数输入到软件中；其次通过建立各个具体的仿真模块组共同组成预制构件的布局仿真模型，最后通过仿真运行得出具体的模型数据，用于进一步对比与分析。

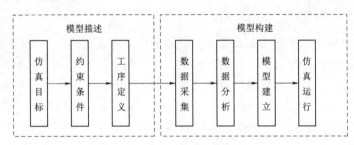

图 5-3 仿真流程

（1）仿真目标。预制构件生产车间布局仿真模型的目标主要包括三个方面：

1）建立生产线初始布局方案模型，分析当前情况下各工序的实体加工能力，各设备的利用情况以及各物料路线的运输时间。

2）建立通过系统布置设计法和遗传算法得出的优化布局方案模型，分析优化方案下各工序的实体加工能力，各设备的利用情况以及各物料路线的运输时间。

3）基于模型的仿真运行结果，从加工实体数、设备利用率、平均等待时间及运输时间四个方面，对优化前后的布局方案进行结果对比，验证优化布局方案是否具有可行性、科学性与高效性。

（2）约束条件。在现实中，预制构件的生产是一个动态过程，生产线的实际生产情况往往比较复杂，在建立预制构件生产线仿真模型时，需要在合理的假设条件下进行一定的简化，使仿真模型既符合实际需求，又能够高效运行。设定的约束条件如下：

1）预制构件生产线采用全自动化设备进行生产，除配备少量管理人员进行日常巡检等工作外，生产线中没有其他操作人员，因此在建立模型时不予考虑员工请假、管理制度等人力资源相关的因素。

2）在实际生产过程中设备往往会出现一些不可控的情况，例如设备故障、维修检修等情况，在模型建立时不考虑设备故障及维修时间，假设其发生故障后立即恢复。

3）由于主要研究空间布局变动对构件产量、运输时间等内容的影响，因此预制构件的加工工艺流程及物料流向始终不变，加工中的各项资源保证连续供给。布局改变所导致的仿真模型中的变动因素则通过相应的时间及距离参数进行调整。

4）仿真运行时间设定为 7 天，采取每天 10 小时工作制，并在仿真运行中忽略换班、法定节假日及特殊休假等情况。

（3）工序定义。建立的仿真模型需要模拟从钢筋网片焊接、混凝土布料浇筑直至成品码垛堆放的全周期生产过程，模型模拟所涉及的具体工艺流程如图 5-4 所示。

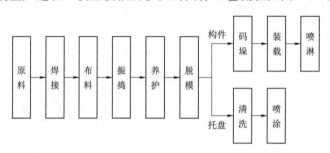

图 5-4　工艺流程

在实际生产过程中，不同作业单元中布置有不同的自动化设备，用以完成构件的各项加工工序，包括自动网片焊接机、自动布料机、自动码垛机器人等，因此在模型模拟时需要为每道工序配以相应的机械资源以更真实地反映加工过程，各个工序所需要的机械设备及具体作业内容见表 5-12。由于在实际生产线中，每三个托盘模具盒形成一组同时进入每道工序，如图 5-5 所示，因此在实地调研时均以组为单位进行各项工序的时间采集，共计 3 组。

表 5-12　　　　　　　　　　工　序　定　义

加　工　过　程		具体作业内容
网片焊接	Process_Weld	在加工区的自动网片焊接机（machine 1）上进行 1 组网片焊接
混凝土布料	Process_Concrete	在布料区的自动布料机（machine 2）上进行 1 组构件布料
振捣抹平	Process_Vibrate	在振捣区的自动振动抹平台（machine 3）上进行 1 组构件振捣
蒸汽养护	Process_Steam Curing	在蒸养区的智能温控养护室（machine 4）内进行养护
振动脱模	Process_Stripping	在脱模区的自动振动脱模台（machine 5）上进行 1 组构件脱模
模具盒清洗	Process_Clean	在清洗区的模具自动清洗站（machine 6）内进行 1 组模具盒清洗
脱模剂喷涂	Process_Spray	在喷涂区的脱模剂自动喷涂站（machine 7）进行 1 组模具盒喷涂
成品码垛	Process_Stack	在码垛区用码垛机器人（machine 8）进行一批构件（6 组）码垛
成品装载	Process_Loading	在叉车区将一批构件（6 组）向叉车（machine 9）内进行装载
喷淋养护	Process_Spray Curing	成品在喷淋区进行自动喷淋养护，也是成品堆放的区域

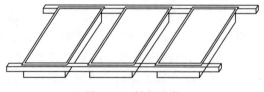

图 5-5　托盘示意

5.3 空间布局方案建立

基于上述建立的布局基础仿真模型，本节通过采集所需的生产数据进行拟合分析，建立各个具体的仿真模块组成的预制构件生产线车间布局仿真模型，对模型进行计算和优化。

5.3.1 初始布局方案

5.3.1.1 数据采集

合理准确的数据是保障仿真模型精确性的前提，运用科学的统计学方法确定各工序需要进行观测的次数，并在深入预制构件生产线现场进行实地调研的基础上，将采集到的数据进行筛选，从而获得各工序的工作时间。

1. 确定观测次数

在进行仿真建模前，采用秒表测时法对每道工序的作业时间进行记录。通常样本容量越大，得到的工序时间结果就越准确，但与此同时耗费的时间成本就越高，会造成一些不必要的浪费，因此需要采用科学合理的方法来确定具体的观测次数。采用误差界限法来计算需要进行的观测次数[135]，该方法需要先对某工序进行若干次观测并记录相应的作业时间，通过计算这些样本的均值与标准差，按照设定的允许误差范围来计算实际应观测的次数。

该方法假定所有观测值的变化均为正常波动，将观测值视为正态分布，则当样本数为 n 时，样本均值的标准差 $\sigma_{\overline{X}}$ 与总体标准差 σ 的关系为

$$\sigma_{\overline{X}} = \frac{\sigma}{\sqrt{n}} \tag{5-1}$$

由于总体标准差 σ 在实际工作中不易取得，因此在样本足够大时，通常以样本的标准差 S 代替总体标准差 σ：

$$\sigma \approx S = \sqrt{\frac{(X_1 - \overline{X})^2 + (X_2 - \overline{X})^2 + \cdots + (X_n - \overline{X})^2}{n}} = \frac{1}{n}\sqrt{n\sum_{i=1}^{n} X_i^2 - \left(\sum_{i=1}^{n} X_i\right)^2} \tag{5-2}$$

为了保证一定的精度要求，需要进行 n' 次观测，此时的样本均值的标准差 $\sigma_{\overline{X'}}$ 为

$$\sigma_{\overline{X'}} = \frac{\sigma}{\sqrt{n'}} \approx \frac{S}{\sqrt{n'}} \tag{5-3}$$

通常将样本均值与总体均值之间的误差控制在 $\pm 5\%$ 以内，即取可靠度为 95%，精确度为 5%，此时样本均值与总体均值之间的关系为

$$2\sigma_{\overline{X'}} = 0.05\overline{X} \tag{5-4}$$

综上可得应进行的观测次数 n' 为

$$n' = \left(\frac{40S}{\overline{X}}\right)^2 = \left(\frac{40\sqrt{n\sum_{i=1}^{n} X_i^2 - \left(\sum_{i=1}^{n} X_i^2\right)^2}}{\sum_{i=1}^{n} X_i}\right)^2 \tag{5-5}$$

当样本较少时，采用修正样本标准差代替总体标准差：

$$\sigma \approx S = \sqrt{\frac{(X_1 - \overline{X})^2 + (X_2 - \overline{X})^2 + \cdots + (X_n - \overline{X})^2}{n-1}} = \sqrt{\frac{\sum_{i=1}^{n} X_i^2 - \frac{1}{n}\left(\sum_{i=1}^{n} X_i\right)^2}{n-1}}$$

$$(5-6)$$

此时，应进行的观测次数 n' 为

$$n' = \left(\frac{40S}{\overline{X}}\right)^2 = \left(\frac{40n}{\sum_{i=1}^{n} X_i} \sqrt{\frac{\sum_{i=1}^{n} X_i^2 - \frac{1}{n}\left(\sum_{i=1}^{n} X_i\right)^2}{n-1}}\right)^2$$

$$(5-7)$$

对预制构件生产线的每道工序分别进行 10 次观测，并按照公式（5-7）计算应进行的观测次数，其中成品码垛工序计算得到的观测次数最大，其 10 次观测值分别为：278.29s、284.04s、278.21s、208.54s、207.99s、264.65s、286.18s、271.95s、209.15s、265.44s。规定可靠度为 95%，精确度为 5%，通过计算可得 $n'=27$ 次。为了方便数据记录和计算，确定每道工序应进行的观测次数均为 30 次。

2. 剔除异常值

在进行工序的作业时间测定时，由于计时者操作失误等各种因素，可能会导致某些测定的数据与正常的工序时间偏离较大，为了保证采集的数据具有较强的可靠性和准确性，采用三倍标准法来剔除异常数据[136]。假设对某工序进行 n 次观测，观测值分别为 X_1，$X_2,\cdots,X_n$，则该工序工作时间的均值和标准差分别为

$$\overline{X} = \frac{1}{n}(X_1 + X_2 + \cdots + X_n)$$

$$(5-8)$$

$$\sigma = \sqrt{\frac{1}{n}\sum_{i=1}^{n}(X_i - \overline{X})^2}$$

$$(5-9)$$

三倍标准法即保留在 $[\overline{X}-3\sigma, \overline{X}+3\sigma]$ 范围内的数值，剔除范围外的异常值，最终得到各工序的工作时间，见表 5-13。

表 5-13   各 工 序 作 业 时 间

工序	作业时间/s				
焊接	32.65	35.22	35.52	32.03	35.08
	37.07	35.20	32.99	36.17	32.08
	37.72	33.52	33.10	35.14	33.76
	32.11	36.73	32.33	33.29	34.65
	36.58	33.18	36.70	35.61	34.49
	35.63	35.50	32.14	35.17	37.02

工序	作业时间/s				
布料	42.80	42.97	45.96	43.98	49.48
	49.95	43.47	42.14	47.22	43.75
	40.14	45.70	43.89	40.70	41.73
	45.37	44.02	40.19	48.86	42.32
	46.48	45.05	46.47	40.62	49.76
	45.77	45.25	47.02	44.57	46.34
振捣	176.27	176.07	183.11	182.59	164.08
	179.14	197.06	165.33	166.03	192.41
	199.47	175.62	193.03	175.31	187.82
	169.16	182.56	181.38	196.94	166.28
	181.90	181.87	179.70	178.72	181.47
	180.77	181.02	179.32	178.35	178.38
脱模	59.03	65.85	57.03	64.94	65.60
	58.17	63.51	59.78	63.74	65.70
	64.47	58.34	64.66	63.87	60.53
	61.31	61.32	62.60	63.64	65.26
	60.14	64.66	59.41	62.07	59.56
	63.32	58.43	59.47	61.66	58.51
清洗	14.19	13.05	13.69	14.07	13.91
	16.10	14.88	15.78	14.63	15.19
	16.09	15.99	13.62	13.37	13.73
	13.82	13.46	15.13	15.65	16.03
	15.17	14.67	16.90	15.07	14.27
	14.37	13.30	13.26	14.96	13.47
喷涂	35.13	37.00	42.78	44.64	37.22
	38.84	44.54	38.99	42.07	39.99
	37.67	40.75	40.41	43.52	38.73
	36.28	39.37	38.68	38.32	42.87
	44.97	39.30	35.84	38.60	43.89
	36.42	44.36	38.02	37.25	43.62
码垛	278.29	284.04	278.21	208.54	207.99
	264.65	286.18	271.95	209.15	265.44
	242.39	236.51	243.82	297.50	249.04
	283.30	302.61	294.11	300.29	280.85
	237.49	290.51	307.53	227.79	303.88
	296.37	304.97	254.10	234.85	249.88

续表

工序	作业时间/s				
装载	128.06	137.35	132.47	152.25	141.12
	135.80	144.52	131.03	125.79	141.66
	162.72	135.83	162.98	155.17	141.03
	159.41	133.15	148.52	131.22	152.81
	132.23	153.82	128.84	164.92	143.08
	128.41	126.89	142.27	130.06	147.62

5.3.1.2　数据分析

在模型中输入贴切实际的工序时间是仿真结果更加准确可靠的前提与保障，采用 Arena 软件自带的输入分析器对采集的数据进行函数分布拟合，能够使各工序的作业时间更贴近实际，从而更准确地模拟各作业单元的工作能力。以混凝土布料工序为例，在经过三倍标准法剔除异常值后，将采集到的 30 组时间数据以 .txt 格式输入分析器，如图 5-6 所示。

在拟合过程中，直方图的分组数对拟合结果起着决定性作用。数据的分组数过少，即每个分组的区间范围过大，则直方图的形状无法很好地展现；数据的分组数过多，即每个分组的区间范围过小，则直方图过于凹凸，不便于平滑。因此，采用下列计算公式确定直方图的分组数[137]：

$$K = 1 + 3.3222 \lg n'　　　　　(5-10)$$

式中：K 为直方图分组数；n' 为采集的数据个数，取 $n' = 30$，得出 $K = 6$。

在输入分析器的直方图参数设置（Histogram Parameters）中将分组数（Number of Intervals）设置为 6，如图 5-7 所示。

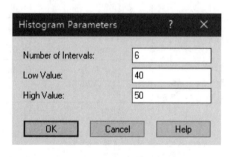

图 5-6　混凝土布料的工序时间　　　　　图 5-7　直方图分组数

输入分析器对数据进行拟合后，会形成拟合曲线示意图和拟合分布各项参数结果，相关的参数结果主要包括三个方面：分布函数信息汇总（Distribution Summary）、数据信息汇总（Data Summary）和直方图信息汇总（Histogram Summary）。分布函数信息汇总中涵盖了拟合函数的基本信息，包括拟合函数表达式（Expression）、方差值（Square Error）、卡方检验（Chi Square Test）和 K-S 检验（Kolmogorov-Smirnov Test）。其中方差值越小，说明函数的拟合程度越好；P 值（Corresponding p-value）越大，说明拟合优度越高。

以混凝土布料的作业时间拟合为例，其拟合结果如图 5-8 所示。拟合所得的最优分布为正态分布，且服从表达式 NORM（44.7，2.73），拟合的方差为 0.020023，χ^2 检验的统计量为 1.17，相应的 P 值为 0.294；K-S 检验的统计量为 0.0699，相应的 P 值大于 0.05，由此可见，正态分布能够较好地反映出混凝土布料工序的作业时间分布规律。

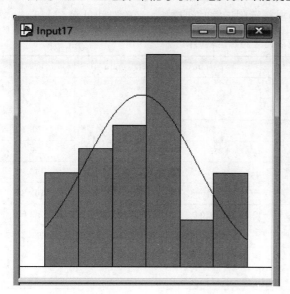
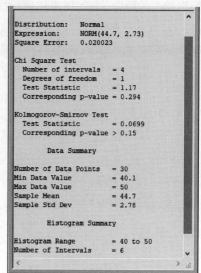

图 5-8　拟合分布结果

采用相同的工具和方法对其他工序的作业时间进行拟合分析，结果见表 5-14。

表 5-14　　　　　　　　　　各工序的拟合分布情况

工序过程	表 达 式	卡方检验		K-S检验	
		统计量值	P 值	统计量值	P 值
焊接	$95+19\times$BETA（1.09，1.16）	0.655	0.442	0.0916	＞0.15
布料	NORM（44.7，2.73）	1.170	0.294	0.0699	＞0.15
振捣	TRIA（164，179，200）	4.180	0.135	0.1770	＞0.15
脱模	$57+9\times$BETA（0.954，0.803）	0.807	0.399	0.0851	＞0.15
清洗	$13+4\times$BETA（0.994，1.5）	0.376	0.556	0.0653	＞0.15
喷涂	$35+10\times$BETA（0.957，0.876）	1.050	0.330	0.1500	＞0.15
码垛	$207+101\times$BETA（0.888，0.693）	1.090	0.316	0.1110	＞0.15
装载	$125+40\times$BETA（0.732，1.02）	0.221	0.666	0.0862	＞0.15

在实际生产过程中，每个振捣完成后的构件都需要进入养护室内进行 8h 以上的蒸汽养护，该工序通常在夜间停工时统一进行，不占用日间的工作时间，养护完成后次日再出库进入脱模工序。由于采用的是 Arena16.1 版本，对实体的数量有上限限制，生产线中同时存在的实体数不能超过 150 个。因此在仿真建模时实际的养护时间不计入工序的作业时间，而是采用构件在养护室内运输需要的运输时间 3min 代替养护这一工序的作业时间。喷淋工序则是在成品码垛后由叉车运输至喷淋区内进行，在实际生产中喷淋工序无固定的

次数和时长要求，在成品离开构件生产车间前均需要根据具体情况进行喷淋养护，因此喷淋区实际是成品堆放的区域，在仿真模型中不设计加工时间。

在布局设计中，各作业单元之间的距离是方案之间的本质区别，由于 Arena 各模块为逻辑模块，模块之间放置的位置远近并不能代表实际距离的远近，因此在建模时将各作业单元之间的距离以相应的路线运输时间来体现，距离越远则运输时间越长，运输时间见表 5 - 15。

表 5 - 15　　　　　　　　　各作业单元之间的运输时间

从	至	路线	距离/mm	速度/(mm/s)	运输时间/s
原料区	加工区	Route 1_1	12570		60.43
		Route 1_2			
加工区	布料区	Route 2	14590		70.14
布料区	振捣区	Route 3	7650		36.78
振捣区	蒸养区	Route 4	30470		146.49
蒸养区	脱模区	Route 5	33910	208	163.03
脱模区	清洗区	Route 6_1	13630		65.53
清洗区	喷涂区	Route 7	13150		63.22
喷涂区	加工区	Route 8	18910		90.91
脱模区	码垛区	Route 6_2	31770		152.74
码垛区	叉车区	Route 9	9500		45.67
叉车区	喷淋区	Route 10	49900	283	176.33

5.3.1.3　模型建立

利用 Arena 软件中的流程图模块和数据模块，共同建立原料的到达模块组、构件的加工模块组和成品的离开模块组，用以代表原料的到达过程、构件的加工过程和成品的离场过程，从而组成预制构件生产线仿真模型。

1. 原料的到达模块组

在建立生产线仿真模型时，首先需要确定模型的起始点，即原料的到达过程，本生产线共设置钢筋和托盘模具盒两种原料，在模型中采用 Create、Assign、Station、Route 四个模块共同组成原料的到达模块组，如图 5 - 9 所示。

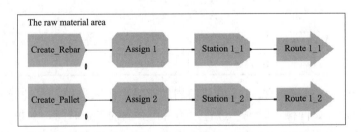

图 5 - 9　原料的到达模块组

Create 模块包括钢筋原料的 Create_Rebar 和托盘模具盒的 Create_Pallet，其赋值需要足够小以保障为后续的加工工序提供充足的原料供应。由于软件的版本原因，模型中同时存在的实体数不能超过 150 个，因此在保证模型能够正常运转的前提下，采用尽可能小的值来定义原料的产生时间间隔，最终将其设置为服从 5min 的指数分布。此外，将每次到达的实体数（Entities per Arrival）设置为 1 个，到达的实体数上限（Max Arrivals）设置为无限（Infinite），第一个实体到达的时间（First Creation）设置为从 0 开始，具体参数设置如图 5-10 所示。

	Name	Entity Type	Type	Value	Units	Entities per Arrival	Max Arrivals	First Creation	Comment
1	Create_Rebar	Rebar	Random (Expo)	5	Minutes	1	Infinite	0.0	
2 ▶	Create_Pallet	Pallet	Random (Expo)	5	Minutes	1	Infinite	0.0	

图 5-10　Create 模块参数设置

采用 Assign 模块为钢筋和托盘模具盒进行属性定义，为后续实体的匹配打包和分类分离提供便利。为钢筋和托盘模具盒分别设置实体类型（Entity Type）、变量（Variable）和属性（Attribute）三项内容，参数设置如图 5-11 所示。

	Type	Variable Name	Attribute Name	Entity Type	New Value
1	Entity Type	Variable 1	Attribute 1	Rebar	
2	Variable	n	Attribute 2	Entity 1	n+1
3	Attribute	Variable 3	Sequence number	Entity 1	n

	Type	Variable Name	Attribute Name	Entity Type	New Value
1	Entity Type	Variable 1	Attribute 1	Pallet	
2	Variable	u	Attribute 2	Entity 1	u+1
3	Attribute	Variable 3	Sequence number	Entity 1	u

（a）钢筋　　　　　　　　　　　（b）托盘模具盒

图 5-11　Assign 模块设置

2. 构件的加工模块组

布料、振捣、养护、清洗、喷涂、装载等加工工序的过程较为简单，主要采用 Station、Process、Route 三种模块共同组成其加工模块组，其中 Station 模块模拟构件到达该工序，Process 模块模拟各项具体的加工过程，Route 模块模拟构件完成当前工序传送至下个工序的运输过程。这六种简单工序的加工模块组如图 5-12 所示。

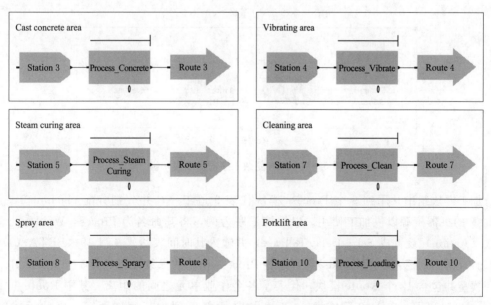

图 5-12　六种简单工序的加工模块组

在简单加工模块组的基础上，根据生产线的实际加工情况添加其他相应的模块以组成更为复杂的加工逻辑。由于生产线中每个构件均需要托盘模具盛放，因此在钢筋网片焊接完成后，需要采用 Batch 模块将网片与托盘模具盒进行匹配打包。在脱模工序完成后需要采用 Separate 和 Decide 模块来实现托盘模具盒与成品构件的分离与分流。在进行机器人码垛时，同样采用 Batch 模块将 6 组（共计 18 个）成品构件进行打包，形成一个批次。焊接、脱模及码垛这三种复杂工序的加工模块组如图 5-13 所示。

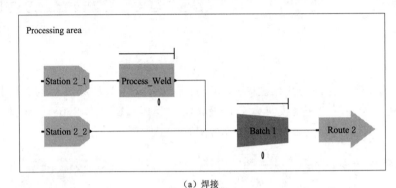

（a）焊接

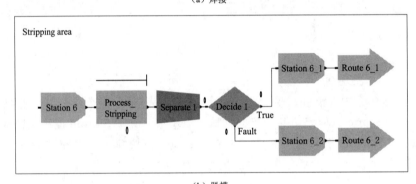

（b）脱模

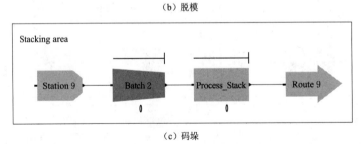

（c）码垛

图 5-13 三种复杂工序的加工模块组

加工模块组中共用到 9 个 Process 模块代表 9 道工序，并分别分配 machine 1～machine 9 的机器资源以供加工使用。以焊接工序为例，将其命名为 Process_Weld，处理的方式（Action）设置成 Seize Delay Release，并输入其时间表达式 95＋19×BETA（1.09，1.16），设置单位为秒（Seconds），其余各 Process 模块的参数设置如图 5-14 所示。

模型共包含 12 个 Route 模块，代表了各个作业单元之间的距离。其中 Route 1_1 到 Station 2_1 和 Route 1_2 到 Station 2_2 均是原料区到加工区的距离，因此运输时间

Name	Type	Action	Priority	Resources	Delay Type	Units	Allocation	Minimum	Value	Maximum	Std Dev	Expression
Process_Weld	Standard	Seize Delay Release	Medium(2)	1 rows	Expression	Seconds	Value Added	5	35	1.5	.2	95 + 19 * BETA(1.09, 1.16)
Process_Concrete	Standard	Seize Delay Release	Medium(2)	1 rows	Normal	Seconds	Value Added	5	44.7	1.5	2.73	
Process_Vibrate	Standard	Seize Delay Release	Medium(2)	1 rows	Triangular	Seconds	Value Added	164	179	200	.2	
Process_Steam Curing	Standard	Seize Delay Release	Medium(2)	1 rows	Constant	Seconds	Value Added	5	180	1.5	.2	
Process_Stripping	Standard	Seize Delay Release	Medium(2)	1 rows	Expression	Seconds	Value Added	5	62	1.5	.2	57 + 9 * BETA(0.954, 0.803)
Process_Clean	Standard	Seize Delay Release	Medium(2)	1 rows	Expression	Seconds	Value Added	21.1	5	28.9	.2	13 + 4 * BETA(0.994, 1.5)
Process_Stack	Standard	Seize Delay Release	Medium(2)	1 rows	Expression	Seconds	Value Added	5	40	1.5	.2	207 + 101 * BETA(0.888, 0.693)
Process_Spray	Standard	Seize Delay Release	Medium(2)	1 rows	Expression	Seconds	Value Added	5	300	1.5	.2	35 + 10 * BETA(0.957, 0.876)
Process_Loading	Standard	Seize Delay Release	Medium(2)	1 rows	Expression	Seconds	Value Added	5	145	1.5	.2	125 + 40 * BETA(0.732, 1.02)

图 5-14　Process 模块参数设置

（Route Time）相同，均设置为 60.43 s。Route 8 到 Station 1_3 代表了托盘模具盒的回流过程，是喷涂区到加工区的距离，因此运输时间（Route Time）设置为 90.91 s。

　　模型建立时共采用了 2 个 Batch 模块，包含临时打包（Temporary）和永久打包（Permanent）两种类型。Batch 1 的作用是将托盘模具盒与焊接完成的钢筋网片进行匹配打包，由于托盘模具盒与钢筋在原料区均已通过 Assign 模块赋予相应的顺序号，因此将 Batch 1 的打包规则（Rule）设置为按顺序号（Sequence number）进行匹配，打包数量（Batch Size）设为 2。Batch 2 的作用是将 6 组（共计 18 个）成品构件进行打包，因此设置打包规则（Rule）为任何实体（Any Entity），打包数量（Batch Size）设置为 6。

　　此外，模型还使用了 1 个 Separate 模块和 1 个 Decide 模块。Separate 1 用于将 Batch 1 打包的内容进行拆分，即实现托盘模具盒与成品构件的分离，因此将模块的分离类型（Type）设置为分离已有的打包（Split Existing Batch），实体的属性（Member Attributes）设置为保留原始实体值（Retain Original Entity values）。Decide 1 用于判断 Separate 1 分离后的实体是托盘模具盒或是成品构件，因此将其判断类型（Type）和判断条件（If）分别设置为 2-way by Condition 和 Entity Type，即按照实体类型将实体分为托盘模具盒及成品构件两部分。Route、Batch、Separate 和 Decide 模块的参数设置如图 5-15 所示。

	Name	Route Time	Units	Destination Type	Station Name
1	Route 1_1	60.43	Seconds	Station	Station 2_1
2	Route 1_2	60.43	Seconds	Station	Station 2_2
3	Route 2	70.14	Seconds	Station	Station 3
4	Route 3	36.78	Seconds	Station	Station 4
5	Route 4	146.49	Seconds	Station	Station 5
6	Route 5	163.03	Seconds	Station	Station 6
7	Route 6_1	65.53	Seconds	Station	Station 7
8	Route 6_2	152.74	Seconds	Station	Station 9
9	Route 7	63.22	Seconds	Station	Station 8
10	Route 9	45.67	Seconds	Station	Station 10
11	Route 10	176.33	Seconds	Station	Station 11
12	Route 8	90.91	Seconds	Station	Station 2_3

Name	Type	Batch Size	Save Criterion	Rule	Attribute Name
Batch 1	Temporary	2	Last	By Attribute	Sequence number
Batch 2	Permanent	6	Last	Any Entity	Attribute 1

	Name	Type	Member Attributes
1 ▶	Separate 1	Split Existing Batch	Retain Original Entity Values

	Name	Type	If	Entity Type
1 ▶	Decide 1	2-way by Condition	Entity Type	Pallet

图 5-15　Route、Batch、Separate 和 Decide 模块参数设置

3. 成品的离开模块组

　　构件完成加工后，需要定义成品的离开过程，采用 Station、Record、Dispose 三个模块组成成品的离开模块组。Station 模块定义成品离开时的站点，便于定位成品的运送终点；Record 模块用以记录成品和托盘模具盒的数量，便于后续的数据统计与对比分析；Dispose 用于清除已完成加工的零件和已使用的托盘模具盒，它是系统的终点。构建的成品离开模块组如图 5-16 所示。

　　Record 和 Dispose 的参数设置较为简单，分别定义其模块名称为 Record 1、Record 2

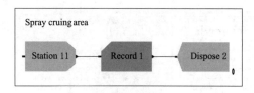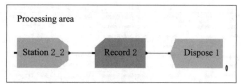

图 5-16　成品的离开模块组

和 Dispose 1，并设置 Record 1 和 Record 2 的类型（Type）为计数器（Count），每次增值（Value）分别为 6 和 1，如图 5-17 所示。

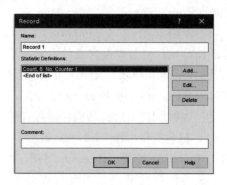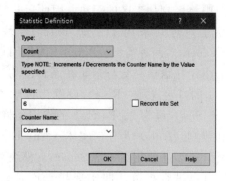

图 5-17　Record 模块参数设置

将原料的到达模块组、构件的加工模块组和成品的离开模块组按照工序逻辑连接起来，最终建立的预制构件生产车间布局仿真模型如图 5-18 所示。

5.3.1.4　模型运行

为了在模型运行时能够更加直观的观察各个生产设备的运行状况，在每个 Process 模块上方设置能够代表机械设备使用情况的状态图标，白色代表空闲，绿色代表占用，红色代表故障。此外，将 Entity 数据模块中将钢筋（Rebar）和托盘模具盒（Pallet）的实体图例分别修改为蓝色圆球（Picture. Blue Ball）和绿色圆球（Picture. Green Ball），以区分生产线中的钢筋原材与托盘模具盒。

模型建立完成后再对仿真运行时间参数及条件进行详细设置。在 Setup 对话框中选择"重复仿真运行参数（Replication Parameters）"页面，将重复运行次数（Number of）设置为 3 次，重复时间长度（Replication Length）设置为 70 小时，即每日工作 10 小时，共计 7 天。同时设置每日时长为 24 小时，基准单位（Base Time Units）为分钟（Minutes）。在设置完成后，点击 Check Model 对模型进行检测，确认无误后点击 Go 运行模型。运行中的生产线模型如图 5-19 所示。

5.3.2　优化布局方案

为了对新旧方案的仿真结果进行对比分析，还需要对前文中基于遗传算法得到的优化布局方案进行建模仿真。由于布局方案在优化前后的生产逻辑、工序顺序、加工时间等均没有改变，只是各个作业单元之间的相对位置进行了重新调整，在模型中实际体现为各作业单元之间的距离参数发生了变化，因此优化后的生产线仿真模型仅需在初始方案模型的

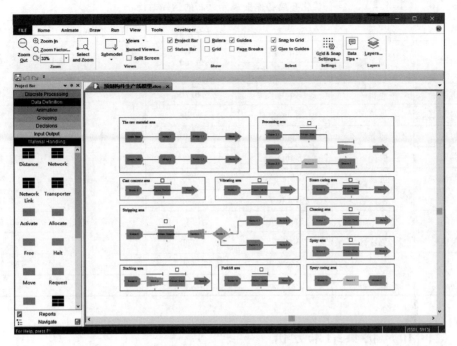

图 5-18　生产线仿真模型

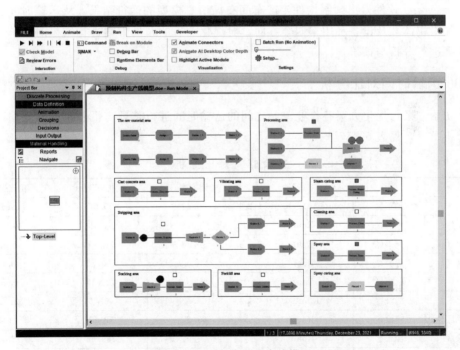

图 5-19　运行中的生产线模型

基础上，通过调整 Route 模块的运输时间（Route Time）来实现。优化布局模型的 Route
参数设置见表 5-16。

表 5 - 16　　　　　　　　　　　　优化布局各作业单元之间的运输时间

从	至	路线	距离/mm	速度/(mm/s)	运输时间/s
原料区	加工区	Route 1_1	11450		55.05
		Route 1_2			
加工区	布料区	Route 2	10710		51.49
布料区	振捣区	Route 3	5060		24.33
振捣区	蒸养区	Route 4	33140		159.33
蒸养区	脱模区	Route 5	25620	208	123.17
脱模区	清洗区	Route 6_1	9090		43.70
清洗区	喷涂区	Route 7	15000		72.12
喷涂区	加工区	Route 8	43610		209.66
脱模区	码垛区	Route 6_2	14880		71.54
码垛区	叉车区	Route 9	21450		103.13
叉车区	喷淋区	Route 10	7850	283	27.74

5.4　空间布局仿真结果分析

基于 Arena 软件得出预制构件生产车间布局仿真模型的运行结果，从运输时间、等待时间、加工实体数及设备利用率四个方面，对优化前后的布局方案进行结果对比，并根据优化效果进行分析与评价。

5.4.1　运输时间对比分析

将初始方案与优化方案各作业单元之间的运输时间进行整理与汇总，得到运输时间的对比分析结果，见表 5 - 17。

表 5 - 17　　　　　　　　　　　　运　输　时　间　对　比　分　析

从	至	路线	初始方案/s	优化方案/s	优化比例/%
原料区	加工区	Route 1_1、Route 1_2	60.43	55.05	8.90
加工区	布料区	Route 2	70.14	51.49	26.59
布料区	振捣区	Route 3	36.78	24.33	33.85
振捣区	蒸养区	Route 4	146.49	159.33	−8.77
蒸养区	脱模区	Route 5	163.03	123.17	24.45
脱模区	清洗区	Route 6_1	65.53	43.70	33.31
清洗区	喷涂区	Route 7	63.22	72.12	−14.08
喷涂区	加工区	Route 8	90.91	209.66	−130.62
脱模区	码垛区	Route 6_2	152.74	71.54	53.16
码垛区	叉车区	Route 9	45.67	103.13	−125.82
叉车区	喷淋区	Route 10	176.33	27.74	84.27
运输总时间			1071.27	941.26	12.14

　　由表 5 - 17 可知：相比初始方案，虽然优化方案中各作业单元之间的运输时间有缩短也有增加，但优化方案的运输总时间比初始方案缩短了 12.14%，说明优化方案加快了生产线的生产速度，具有较高的优越性。其中，结合前文中各作业单元对之间的物流量从至表可知，叉车区至喷淋区的物流量较大，也是 F - D 分析中指出需要进行着重调整的对象，在优化方案中该路线的运输时间提升比例高达 84.27%，极大地改善了生产线初始方案中存在的问题。至于表中部分作业单元对的优化比例呈现负数的情况，这是由于构件生产车间总体布局空间有限，对于生产线的布局调整主要是通过重点缩短物流量相对较大的作业单元对之间的运输时间，以达到减小综合物流强度的目的，此时就需要牺牲部分物流量较小的作业单元对之间的运输时间来优先保证重点优化对象的布局调整。例如喷涂区至加工区的运输时间优化比例为－130.62%，这是因为该作业单元对的物流量为 7416kg，仅为叉车区至喷淋区物流量的 3.10%，因此在布局调整时增大喷涂区与加工区之间的距离对生产线总体的物流强度影响较小，故牺牲该作业单元对之间的运输时间以统筹协调整个生产线的优化布局设计。

5.4.2　等待时间对比分析

　　根据优化前后预制构件生产线模型的运行结果，选择各加工单元在队列中的等待时间（Waiting Time）进行分析，每次仿真的结果见表 5 - 18。

表 5 - 18　　　　　　　　　　　　等 待 时 间 仿 真 结 果　　　　　　　　　单位：s

工　序	初　始　方　案			优　化　方　案		
	第一次	第二次	第三次	第一次	第二次	第三次
Process_Weld	0.5405	0.4523	0.4409	0.4542	0.4282	0.4787
Process_Concrete	0.0130	0.0224	0.0214	0.0425	0.0090	0.0283
Process_Vibrate	1.8897	1.7506	1.8131	2.0390	1.6069	1.8549
Process_Steam Curing	0.0460	0.0551	0.0650	0.0554	0.0407	0.0528
Process_Stripping	0.0000	0.0000	0.0000	0.0000	0.0000	0.0000
Process_Clean	0.0000	0.0000	0.0000	0.0000	0.0000	0.0000
Process_Spray	0.0000	0.0000	0.0000	0.0000	0.0000	0.0000
Process_Stack	0.0000	0.0000	0.0000	0.0000	0.0000	0.0000
Process_Loading	0.0000	0.0000	0.0000	0.0000	0.0000	0.0000
Batch 1	37.3548	40.2694	40.3540	27.9549	31.2039	22.0281
Batch 2	12.7352	12.5616	12.8080	12.3681	13.2039	12.0977
等待总时间	52.5792	55.1114	55.5024	42.9141	46.4926	36.5405

　　取 3 次仿真结果的平均值作为分析的基础，将优化前后的报表结果进行汇总整理后得到等待时间的对比分析结果，见表 5 - 19。

表 5 - 19　　　　　　　　　　　等 待 时 间 对 比 分 析

工 序	初始方案/s	优化方案/s	优化比例/%
Process_Weld	0.4779	0.4537	5.06
Process_Concrete	0.0189	0.0266	−40.74
Process_Vibrate	1.8178	1.8336	−0.87
Process_Steam Curing	0.0554	0.0496	10.47
Process_Stripping	0.0000	0.0000	0.00
Process_Clean	0.0000	0.0000	0.00
Process_Spray	0.0000	0.0000	0.00
Process_Stack	0.0000	0.0000	0.00
Process_Loading	0.0000	0.0000	0.00
Batch 1	39.3261	27.0623	31.18
Batch 2	12.7016	12.5755	0.99
等待总时间	54.3977	42.0013	22.79

　　由表 5 - 19 可知：相比初始方案，优化方案各个工序的等待时间既有增加也有缩短，这种情况是符合实际生产状况的。由于优化方案中大幅缩短了某些作业单元之间的运输路线，因而会导致下游工序的加工压力增大，从而出现部分工序等待时间变长的情况。例如，结合表 5 - 17 中各个作业单元之间对应的运输路线及运输时间可知，由于加工区至布料区之间的运输时间缩短了 26.59%，在相同时间内进入布料区的构件数量增多，造成 Process_Concrete 工序的等待时间增加了 40.74%。但从整个预制构件生产线的生产过程来看，优化方案的总体等待时间明显缩短，优化比例达 22.79%，因此在等待时间这一维度上，优化方案优于初始方案。

5.4.3　加工实体数对比分析

　　根据优化前后预制构件生产线模型的运行结果，选择加工实体数（Total Number Seized）进行分析，每次仿真的结果见表 5 - 20。

表 5 - 20　　　　　　　　　　加工实体总数仿真结果　　　　　　　　　　单位：组

工 序	机械设备	初 始 方 案			优 化 方 案		
		第一次	第二次	第三次	第一次	第二次	第三次
Process_Weld	machine 1	836.00	871.00	824.00	847.00	842.00	871.00
Process_Concrete	machine 2	836.00	824.00	824.00	838.00	815.00	870.00
Process_Vibrate	machine 3	836.00	824.00	824.00	837.00	814.00	869.00
Process_Steam Curing	machine 4	836.00	823.00	824.00	835.00	813.00	867.00
Process_Stripping	machine 5	834.00	822.00	823.00	834.00	811.00	866.00
Process_Clean	machine 6	833.00	821.00	823.00	833.00	811.00	866.00

续表

工序	机械设备	初　始　方　案			优　化　方　案		
		第一次	第二次	第三次	第一次	第二次	第三次
Process_Spray	machine 7	833.00	821.00	823.00	833.00	811.00	866.00
Process_Stack	machine 8	138.00	136.00	137.00	138.00	135.00	144.00
Process_Loading	machine 9	138.00	136.00	137.00	138.00	135.00	144.00
加工实体总数	Counter 1	828.00	816.00	816.00	828.00	810.00	864.00

　　由于在模型构建时选择以组为单位进行与产品数量相关的采集与设置，因此需要将报表数量按照一定的比例转换为实际数量，取 3 次仿真结果的平均值作为分析的基础，将优化前后的结果进行汇总整理，得到加工实体数的对比分析结果，见表 5－21。

表 5－21　　　　　　　　　　　　　　加工实体数对比分析

工序	机械设备	比例	初始方案/件		优化方案/件		优化比例 /%
			报表数量	实际数量	报表数量	实际数量	
Process_Weld	machine 1		843.67	2531	853.33	2560	1.15
Process_Concrete	machine 2		828.00	2484	841.00	2523	1.57
Process_Vibrate	machine 3		828.00	2484	840.00	2520	1.45
Process_Steam Curing	machine 4	1∶3	827.67	2483	838.00	2514	1.25
Process_Stripping	machine 5		826.33	2479	837.00	2511	1.29
Process_Clean	machine 6		825.67	2477	836.00	2508	1.25
Process_Spray	machine 7		825.67	2477	836.00	2508	1.25
Process_Stack	machine 8	1∶18	137.00	2466	139.00	2502	1.46
Process_Loading	machine 9		137.00	2466	139.00	2502	1.46
加工实体总数	Counter 1	1∶3	820.00	2460	834.00	2502	1.71

　　由表 5－21 可知：预制构件生产线布局设计的优化方案中各个工序的加工实体数均较初始方案有所增多，加工实体总数增加 1.71%，说明优化后的方案能够提高生产线的生产能力，为企业带来更多的生产效益。由于采用的仿真软件为学习版，对模型中同时存在的产品数量有上限限制，在原料输入的时间定义上与实际生产情况有所差异，导致实体加工数较实际偏少，但在当前原料较少的情况下，优化方案的成品构件数较初始方案有所增加，因此在实际原料充足的情况下，产量提升的优化效果将更为显著。

5.4.4　设备利用率对比分析

　　根据优化前后预制构件生产线模型的运行结果，选择各加工单元的机器设备利用率（Scheduled Utilization）进行分析，每次仿真的结果见表 5－22。

　　取 3 次仿真结果的平均值作为分析的基础，将优化前后的结果进行汇总整理，得到设备利用率的对比分析结果，见表 5－23。

表 5－22　　　　　　　　　　　　设备利用率仿真结果

工 序	机械设备	初 始 方 案			优 化 方 案		
		第一次	第二次	第三次	第一次	第二次	第三次
Process_Weld	machine 1	0.3448	0.3605	0.3394	0.3513	0.3478	0.3605
Process_Concrete	machine 2	0.1484	0.1465	0.1457	0.1486	0..1452	0.1548
Process_Vibrate	machine 3	0.6003	0.5914	0.5911	0.6004	0.5851	0.6245
Process_Steam Curing	machine 4	0.5966	0.5878	0.5881	0.5964	0.5804	0.6190
Process_Stripping	machine 5	0.2043	0.2017	0.2023	0.2049	0.1995	0.2129
Process_Clean	machine 6	0.0482	0.0477	0.0475	0.0480	0.0470	0.0502
Process_Spray	machine 7	0.1324	0.1308	0.1310	0.1324	0.1293	0.1382
Process_Stack	machine 8	0.1455	0.1409	0.1435	0.1434	0.1403	0.1511
Process_Loading	machine 9	0.0778	0.0769	0.0764	0.0782	0.0759	0.0809

表 5－23　　　　　　　　　　　　设备利用率对比分析

工 序	机械设备	初始方案	优化方案	优化比例/%
Process_Weld	machine 1	0.3483	0.3532	1.41
Process_Concrete	machine 2	0.1468	0.1495	1.84
Process_Vibrate	machine 3	0.5943	0.6033	1.51
Process_Steam Curing	machine 4	0.5908	0.5986	1.32
Process_Stripping	machine 5	0.2028	0.2058	1.48
Process_Clean	machine 6	0.0478	0.0484	1.26
Process_Spray	machine 7	0.1314	0.1333	1.45
Process_Stack	machine 8	0.1433	0.1449	1.12
Process_Loading	machine 9	0.0770	0.0784	1.82

从表 5－23 可知：相比初始方案，预制构件生产线优化方案中各设备的利用率均有一定程度的提高，说明优化方案能够提高生产线设备资源的利用率，减少设备的闲置时间，从而提高生产线的生产效率。同时根据优化数据可以发现，每种设备的利用率提升幅度较小，一方面是因为软件版本的限制，另一方面也说明单纯的生产线布局优化对设备利用率的改善效果有限，后期还可以对具体的制造流程进行优化，以进一步提高设备的利用率。

5.5　生产线排产优化调度

结合目前预制构件生产线生产状况，以及前文对于生产线流程和布局的优化，采用遗传算法对生产线的混合流水车间调度问题进行分析并设定优化目标，对构件排产进行优化。

5.5.1　问题描述及优化目标

生产车间布局优化与调度问题是目前企业最为关注的问题之一，只有通过合理的资源配置和提高产品质量，企业才能在市场竞争中脱颖而出。但是，在实际生产中，构件往往涉及多道工序混合流水，对于不同工序，如何选择最优的机器设备、何时安排机器设备、安排什么机器设备能够获得最大的产出都需要企业根据实际情况进行考虑。在车间生产中，如何将工序、机器设备合理地安排好，使得在同样的时间内，生产出更多的构件，对于企业来说非常重要[138]。因此，很多企业在生产中都采用了混合流水车间调度算法来进行调度。

　　该预制构件生产线生产各种不同类型的预制构件，属典型混合流水生产线。由于不同类型的预制构件在各工位的加工时间不尽相同，因此，不同的构件加工顺序会导致订单的总完成时间也不一样，通过对不同种类预制构件的排产顺序进行调整，能够确保生产线良好的生产性能，这是一种典型的混合流水车间调度问题（Hybrid Flow Shop Scheduling Problem，HFSP）[139]。混合流水车间调度问题的解决方案可以从两个方面入手，即通过确定调度方案中各种构件的生产顺序，并在加工过程中最大限度地利用生产设备。

　　企业通常会根据实际情况设计优化目标进行排产优化，优化目标一般为设备负荷、总加工时间和加工成本最小化等[140]。综合目前预制构件生产线生产状况，以及本书对于生产线流程和布局的优化，以总加工时间和加工成本最小化为优化目标[141]，其优化模型如下：

　　（1）总加工时间最小化。总加工时间是指从订单生产开始到最后一个构件完成生产的时间，关系到企业的生产成本和效率，因此对总加工时间进行优化计算就显得尤为重要。构件的总加工时间决定了订单的生产周期，为了缩短生产周期，总加工时间应该尽量做到最少。总加工时间最小化的目标函数为

$$f_1 = \min(C) \tag{5-11}$$

式中：C 为预制构件加工总时间。

　　（2）加工成本最小化。加工成本是指预制构件由原材料加工至成品的成本，加工成本最小化的目标函数为

$$f_2 = \min\left(\sum_{j=1}^{m} T_j P_j + \sum_{j=1}^{m} Wt_j S_j + \sum_{j=1}^{m} Pt_j Q_j\right) \tag{5-12}$$

式中：T_j 为设备 j 的生产运行时间；P_j 为设备 j 的单位运行成本；Wt_j 为设备 j 的空转时间；S_j 为设备 j 的单位空转成本；Pt_j 为设备 j 产品传输时间；Q_j 为设备 j 单位传输成本。

　　（3）综合目标优化。采用线性加权方法将两个目标转化为单目标进行优化，根据加工时间和加工成本对生产效益的影响程度，为其分配不同的权重 k_1、k_2。加权后目标函数为

$$P = \min\left[k_1(C) + k_2\left(\sum_{j=1}^{m} T_j P_j + \sum_{j=1}^{m} Wt_j S_j + \sum_{j=1}^{m} Pt_j Q_j\right)\right] \tag{5-13}$$

5.5.2　生产调度遗传算法

　　采用遗传算法对 HFSP 进行求解，需要考虑基因编码、种群初始化设计、适应度评价和遗传算子确定等问题。生产线调度问题是一个典型的 NP-Hard 难题，它涉及生产线如何在限定的时间内生产产品，求解困难程度大大超过了普通数值优化问题，也必须考虑许

多约束和可行性[142]。可以将生产线调度问题看作是一个求解线性规划的问题,就是使每个订单的总加工时间和加工成本最小化[143]。

5.5.2.1 基因编码

考虑到预制构件生产调度的复杂性,采用 $M \times N$ 矩阵编码方法来构建神经网络,这种编码方式可以有效提高编码的效率,使编码能够较好地匹配生产工艺。每一个阶段是一个独立的生产过程,每个阶段又包括多个加工工序,且各工序之间相互独立。为了使每个编码能够很好地匹配生产工艺路线,将工序按照加工顺序依次划分为多个区间,每个区间对应一个编码值,编码形式如下:

$$A_{M \cdot N} = \begin{pmatrix} a_{11} & \cdots & a_{1n} \\ \vdots & \ddots & \vdots \\ a_{m1} & \cdots & a_{mn} \end{pmatrix} \quad (i = 1, 2, \cdots, m; j = 1, 2, \cdots, n) \tag{5-14}$$

矩阵中每个元素都对应一条加工信息,如 a_{ij} 表示第 i 个构件的第 j 道工序。a_{ij} 元素的取值范围为 $[1, M(j)+1]$,如果 $M(4) = 2$,即代表第四道加工工序的并行设备有两台,在区间 $[1, 3]$ 内可取整数 1、2、3,用来表示该工序的并行设备编号,另外利用 $M \times N$ 矩阵编码,染色体由 M 个小段组成,且每小段有 N 个基因。这样做的目的是为了保证每个阶段能够在最短时间内完成,从而缩短整个生产周期。

5.5.2.2 遗传算子

在遗传算法中,算子设计通常包括选择、交叉和变异。

(1)选择算子。选择是指从已有群体中筛选出性能优良的个体构成一个新群体遗传给下一代,染色体是一种很好的标记,它能够将后代优良基因准确地传递给下一代,而且这种方法也非常有效。本研究中,染色体加工时间较短、加工成本较低的优异性能更易为下一代遗传所保存,如果要保持优良染色体的优势则需要对后代进行二次选择。采用用锦标赛选择法筛选优秀染色体,即每一次都要在已有群体中筛选出一定数目的个体,再在其中筛选出性能最佳的个体进入下一代群体,并重复前一运算,直至新群体大小与原群体大小相一致时不再筛选,如果新产生的种群规模与原来种群大小不相等时就需要调整这个过程以达到平衡状态。具体操作如下:

1)每次从现有种群中选择 60% 的个体。

2)在保证个体被选取概率相同的基础上,随机选择个体组成种群,并从中选取适应度最高的个体加入到下一代群体中。

3)重复 2)操作,直到形成新的种群为止。

(2)交叉和变异。通过对遗传算法进化过程的分析,建立了遗传算子的优化设计模型,并提出一种新的适应度函数来确定交叉概率及交叉次数,从而实现最优个体保存策略,本模型主要采用部分绘制交叉(Partilly Mapped Crossover,PMX)。为了使遗传算法能更快地收敛到全局最优解,对遗传算法中使用的交叉算子进行改进,在仿真模型设置交叉概率并对筛选出的优秀染色体赋予介于 $[0, 1]$ 的随机变量,若变量低于或等于交叉概率就执行交叉操作,否则不予执行。

在变异上,本研究采取随机变异的方式,设置一定变异概率、满足概率要求的染色体进行随机交换基因重新组合,生成新染色体并进入群体参与下轮迭代。

5.5.2.3 适应度函数

遗传算法也遵循"物竞天择、适者生存"这一规律。为了使种群能够适应不同环境下变化的条件和要求，采用适应度函数作为个体之间相互比较、选择、变异等行为依据，并将其应用于遗传程序设计中。将适应度应用于 GA，能够对染色体进行性能评估。适应度越高，说明能更好地适应个体之间存在的相互制约、相互促进和相互影响等规律的特点，存留下来的机会较多；相反，适应度越低，染色体就越易淘汰。

GA Wizard 将遗传算法集成到现有的仿真模型中，建模者可以将其用于基于模拟运行的计算的优化以及基于方法中的计算的优化[144]。与使用遗传算法的单个对象配置优化任务不同，使用 GA Wizard 可以更简便地完成优化任务。遗传算法在大多数的应用过程中求解的都是较优解。在实际运用的过程中，较优解也能满足使用要求。通过遗传算法产生的解传至仿真模型并据此配置仿真模型，建立的模型按照优化目标开始一次或者多次仿真运行，仿真运行完成后，仿真模型会将所得适应度值回传至对象 GA Wizard 上。

将待参数化对象拖放到 GA Wizard 中，即可简便地设定优化任务。如果一个新目标被加入了优化工作，则需要重新执行模拟运行。当对包含随机对象的模型进行评估时，需要为每个新创建的个体执行多次模拟操作，在此过程中，遗传算法采用个体适应值全部模拟次数观测均值。本书所做的是双目标优化，即总加工时间和加工成本最小化，该算法将加工成本与加工总时间作为两个指标来处理，并考虑了这两项性能指标之间的权重关系。建立仿真模型时，按照对公司综合效益影响大小设定两个优化目标权重系数，具体如图 5-20 所示。

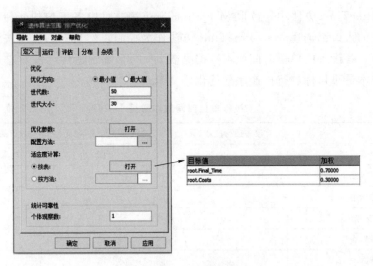

图 5-20 仿真模型设置

由于本书所做优化是双目标优化并且是全局最小，因此可通过变换目标函数来最终建立适应度函数：

$$F(X) = \frac{1}{P_{\max}(x)} \tag{5-15}$$

5.5.3 生产排产优化结果

在预制构件生产系统的生产计划中随机提取某一订单，在模型的 GA 模块中对订单的排产序列进行参数设定和部分程序编写，定义每种构件的种类及数量生成物料表单，以实际生产数据为基础在 Mac_ProcTime 表文件中定义不同构件如水沟盖板、吊围栏步行板、电缆槽、边路六棱块、遮板和路基电缆槽等在不同工位的具体处理时间，如图 5-21 所示。

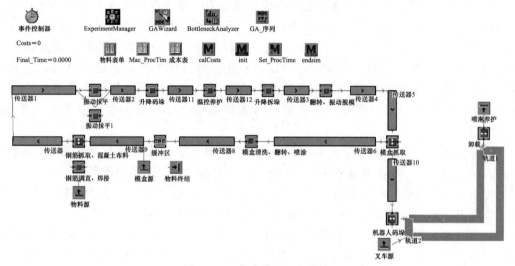

图 5-21　仿真模型 GA 模块

在 Mac_ProcTime 方法中，读取 Mac_ProcTime 表文件中各工位的处理时间并进行赋值，每个工位的入口都选择 Mac_ProcTime 方法作为控制。然后对 GA 模块进行初始化并运行仿真模型。各设备的单位时间成本数据见表 5-24。基于遗传算法对总完工时间最小化、总加工成本最小目标进行排产序列优化。

表 5-24　　　　　　　　　　设备单位时间成本数据

设　备	设备运行成本/元	设备空转成本/元	产品传输成本/元
钢筋调直焊接	50	12	7
钢筋抓取、混凝土布料	60	8	5
振动抹平	30	5	8
振动抹平 1	30	5	8
升降码垛	60	13	6
升降拆垛	60	13	6
翻转、振动脱模	20	7	5
模具盒抓取	50	10	4
模具盒清洗、翻转、喷涂	40	18	11
机器人码垛	50	11	9
卸载	40	10	7

5.5.3.1 GA 参数设定

遗传算法求得解的质量与种群数目及世代密切相关，通常种群数目越多、代数越多，解的质量越好。在仿真模型 GA Sequence 模块中，设置种群大小为 30，世代数为 50；采用 PMX 交叉，交叉率为 80%；突变为随机突变，变异率为 10%，设置如图 5-22 所示。

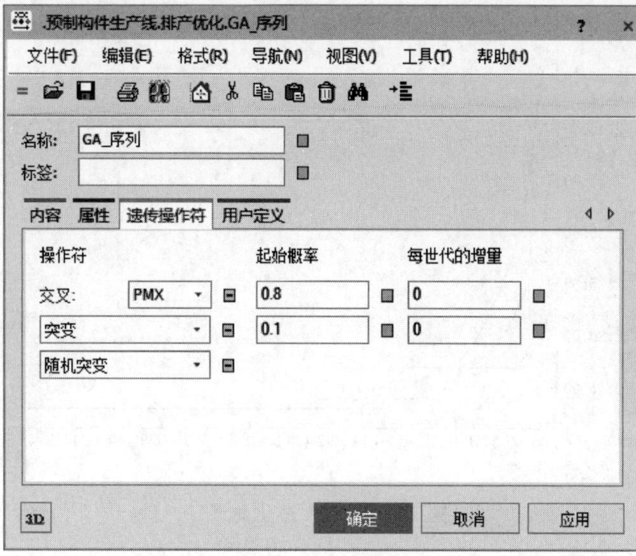

图 5-22　GA Sequence 参数设置

在排产优化模型中，由于生产每种构件时各个工位的加工时间不尽相同，因此，在每个工位的入口处添加一个方法命名为"Set_ProcTime"，并编写提取各工位加工时间的控制代码；设备全部的总加工成本可分为各工位的生产运行成本、空转成本和设置成本，在每个工位的出口处添加一个方法命名为"cal Costs"，并编写统计各工位加工成本的控制代码，如图 5-23 所示。

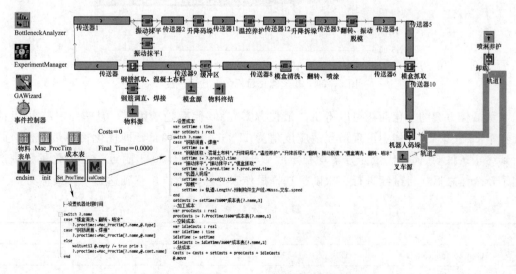

图 5-23　方法代码

5.5.3.2　GA 序列优化

打开模型中 GA Wizard 对象进入运行模块，将生产线模型重置至初始状态再运行，种群经过 50 次迭代后完成优化，目标函数最优解及均值的进化曲线如图 5‑24 所示，基于优化目标的后代适应度如图 5‑25 所示。

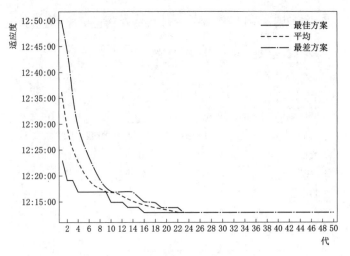

图 5‑24　GA 进化曲线

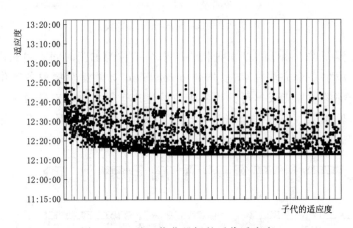

图 5‑25　基于优化目标的后代适应度

从最佳方案的变化曲线可以得出，最佳方案在 20 代后趋于稳定，从表 5‑25 可以得到在第 20 代第 18 个体中出现最佳适应度值为 12：12：51.3041，即优化目标最小值，此后到终止条件 50 代各代最佳方案均稳定收敛于 12：12：51.3041 附近。当进化过程中产生了新个体之后，会继续进行一次随机选择操作来更新该个体，直到达到个体最优为止。

表 5‑25　　　　　　　　　　　最　佳　个　体

个　体	适应度	ID	染色体
Gen 20 Ind 18	12：12：51.3041	1128	Chrom 1
Gen 16 Ind 1	12：12：51.3046	871	Chrom 1

续表

个　体	适应度	ID	染色体
Gen 26 Ind 19	12：12：51.3047	1489	Chrom 1
Gen 37 Ind 2	12：12：53.7486	2132	Chrom 1
Gen 41 Ind 1	12：12：53.7486	2371	Chrom 1

从表 5－26 中可知：该订单中包括 20 个加工任务，优化前预制构件的排产顺序由工人依据经验对订单进行生产排序，优化后的排产序列是通过遗传算法对该软件进行优化而得出的；在生产加工过程中通过调整排产序列对生产方案进行改进，使生产线更加合理有效地运行。

从表 5－27 中可以看出，按照模型基于遗传算法优化后的最佳序列进行排产，总加工时间缩短 75min，加工成本减少 207.37 元。

表 5－26　　　　　　　　　　优化前后排产序列对比

	排　产　序　列
优化前	8，20，16，14，13，2，10，3，9，17，12，19，5，1，11，6，18，15，7，4
优化后	19，7，11，15，5，9，16，17，10，14，6，4，20，3，18，2，13，1，12，8

表 5－27　　　　　　　　　　改　善　效　果　对　比

优化目标	优化前	优化后	降低	优化比例
总加工时间	11：50：00	10：35：00	1：15：00	10.56%
总加工成本	6078.67	5871.30	207.37	3.41%

5.5.3.3　优化效果评价

（1）各工位作业负荷率优化的效果评价。工位作业负荷是指特定类型的生产单元在单位时间内能够完成的最大工作量，它能够体现生产线的设备利用情况。工位作业负荷率越高，表明工位设备被充分利用，能够缩短设备空闲时间并提高生产效率。优化前后的工位作业负荷对比如图 5－26 所示，结果见表 5－28。

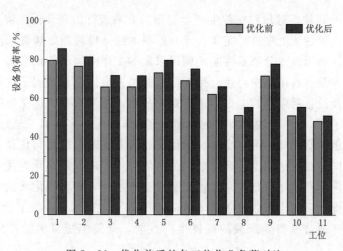

图 5－26　优化前后的各工位作业负荷对比

从表5-28中可以看出，与优化前生产线的各工位作业负荷相比，优化后均有所提高。优化前生产线的各工位平均作业负荷率为65.01%，优化后为70.17%，总体提高了5.16%。通过GA模型对生产订单进行排产优化，生产线各设备利用更加充分，不仅减少了设备空闲时间，也提高了整体生产线的生产效率。

表5-28　　　　　　　　　　　优化前后的各工位作业负荷对比　　　　　　　　　　　　%

序号	工 位	优化前	优化后	优化量
1	钢筋调直焊接	79.55	85.58	6.03
2	钢筋抓取、混凝土布料	76.54	81.38	4.84
3	振动抹平	65.87	71.81	5.94
4	振动抹平1	65.98	71.70	5.72
5	升降码垛	73.24	79.69	6.45
6	升降拆垛	69.22	75.22	6.00
7	翻转、振动脱模	62.20	66.17	3.97
8	模具盒抓取	51.28	55.51	4.23
9	模具盒清洗、翻转、喷涂	71.72	77.89	6.17
10	机器人码垛	51.16	55.68	4.52
11	卸载	48.32	51.15	2.83
12	均值	65.01	70.17	5.16

（2）日产量优化的效果评价。生产线平衡以提升产能为重要目的，在生产线平衡过程中，需要平衡各工位的作业负荷并尽量使其作业时间相近，从而提高产能。通过运行优化前的生产线仿真模型，得到生产线日产量为731组，优化后的生产线仿真模型得到的日产量为787组，在对生产线进行改善后，日产能提高了56组，优化比例为7.66%。

5.6　本章小结

本章采用Arena软件对预制构件生产车间布局方案进行仿真分析，建立了预制构件生产车间仿真模型，对各项工序进行定义，建立原料的到达模块组、构件的加工模块组和成品的离开模块组。利用输入分析器将实地调研采集的工序时间进行函数拟合，并将拟合结果和布局数据输入至仿真模型中，运行得到仿真结果。根据仿真数据从运输时间、等待时间、加工实体数及设备利用率四个方面进行对比分析，结果表明：优化方案的运输总时间比初始方案缩短了12.14%，总体等待时间减少了22.79%，实体加工总数增加了1.71%，各设备的利用率也均有提高，进一步验证了优化布局方案的合理性与优越性。进一步对预制构件生产线排产进行优化调度，建立总加工时间和加工成本最小化为优化目标函数，采用GA算法对构件排产顺序进行优化，得到最优排产序列，并与优化前的结果进行对比分析。结果表明：优化后的生产线设备总体负荷率提高了5.16%，降低了设备空闲率并减少生产线阻塞时间，通过提高生产线的整体生产性能，最终缩短订单生产周期并减少生产成本。

第6章

预制构件智能生产协同管理系统

在预制构件生产过程中，可以从决策层的设计、规划和决策以及执行层的现场管理来提高预制构件生产的综合效率。前者主要通过企业资源计划、供应链管理、生产资源计划等来实施，后者主要通过管理系统来实现。本章基于数字孪生等信息技术设计并开发了预制构件生产车间协同管理系统，基于系统对生产线的生产状况进行动态追踪及实时监控，提高构件生产效率和协同管理水平。

6.1　系统总体设计

系统基于 B/S 架构，采用数字孪生等技术实现三维可视建模与协同管理，在构件生产过程中对数据和信息进行动态管理，系统架构设计自下而上划分为五层，功能划分为系统信息和生产信息两大类。

6.1.1　数字孪生系统

基于文献提出的五维数字孪生 DT 模型和建模方法，提出一个能够反映预制构件生产线生产状况的数字孪生应用模型，主要包括物理生产线实体、虚拟生产线仿真模型、生产系统服务、孪生数据和系统连接[145]，如图 6-1 所示。

DT 模型的表达式为

$$DT = (PE \text{、} VE \text{、} SS \text{、} DTD \text{、} CN) \tag{6-1}$$

物理实体（Physical Entity，PE）包括原料、模具、设备从加工、检验、装配到养护

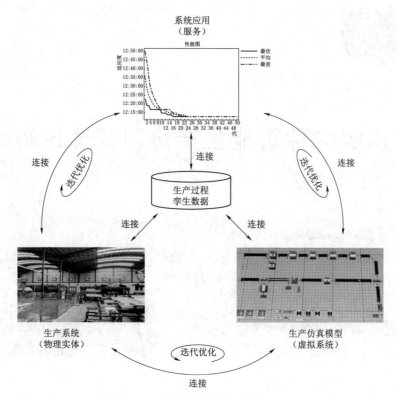

图 6 - 1 预制构件生产系统 DT 五维模型

的全过程，能够实现物料间的组织、协调及管理。在实际生产过程中，生产管理人员基于给定约束条件，结合订单需求，通过对生产线进行合理调配完成指定生产任务。

虚拟实体（Virtual Entity，VE）是物理实体的数字化虚拟仿真模型，通过三维仿真软件实现对真实生产系统的模拟仿真。

系统服务（System Service，SS）是对生产线追踪、评估、优化和控制的集成模型，利用各类算法、技术对生产系统的真实数据和模拟数据进行对比分析，通过仿真模型迭代优化提出订单生产时间和生产成本最小化的最佳方案。

孪生数据（Digital Twin Data，DTD）是将生产过程的真实数据、仿真模型的虚拟数据和生产计划数据进行融合，并随生产订单的变化而不断更新。在预制构件生产过程中，孪生数据是为仿真模型提供的实际生产线的数据，以便仿真模型能够对物理实体进行精确模拟；为物理实体传送生产最优方案，以实现对物理实体的动态调控。

连接（Connection，CN）的作用主要实现 PE、VE、SS 和 DTD 四个部分的互联互通，使车间协同管理系统能实时高效地传输数据，实现物理生产过程与虚拟仿真的交互。

系统运行流程如图 6 - 2 所示。通过协同管理系统可以实现在生产过程中对加工设备、原料、模具等数据信息的管理，及时解决生产过程中出现的问题[146]。

6.1.2 系统结构设计

基于数字孪生的预制构件生产车间协同管理系统采用 J2EE 技术架构，通过 Oracle

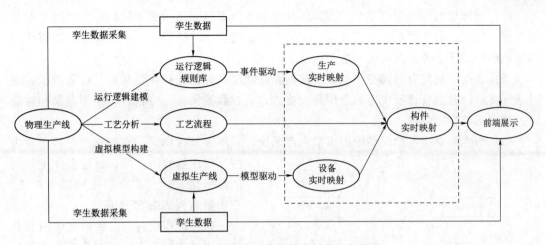

图 6-2　数字孪生协同管理系统运行流程

EBS 结合应用功能和用户需求，遵循 B/S 的系统开发模式。结构上划分 5 层：物理层、数据层、孪生层、应用层和用户层，如图 6-3 所示。

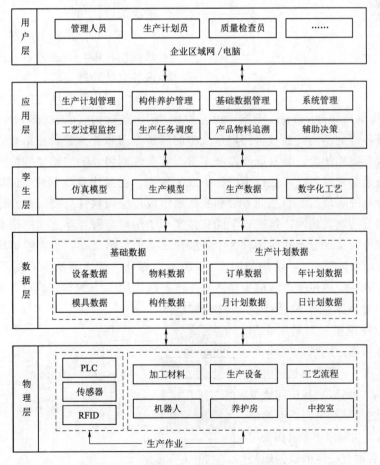

图 6-3　预制构件协同管理系统架构

（1）物理层对应五维模型中的预制构件物理生产系统，是构成预制构件生产线全要素的合集，包括：加工材料、生产设备、工艺流程、养护室、机器人、中控室等，能够实现预制构件的加工、养护及运输等生产活动。

（2）数据层对应五维模型中的孪生数据及连接层，包括基础数据和生产计划数据，通过系统灵活的数据管理及快速的应用开发能力，实现数据采集、分析、转换、存储和整合以及前端系统数据集成。

（3）孪生层对应五维模型中的虚拟生产系统，采用多软件协同，在物理—虚拟两种应用环境中搭建生产线，通过实体生产线的数字化表达真实映射出物理生产线。孪生层结构如图6-4所示。

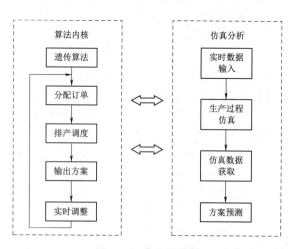

图6-4 孪生层结构

（4）应用层对应五维模型中的服务层，通过连接生产线实时监控系统和数字孪生仿真模型，结合应用层的灵活管理，实现对实体生产线的工艺过程监控、生产任务调度、产品物料追溯和辅助决策等。

（5）用户层对不同部门人员赋予不同操作权限，并通过不同操作权限来实现各自的功能需求。

常用软件设计架构主要包括：浏览器/服务器架构（Brower/Server，B/S）和客户端/服务器架构（Client/Server，C/S）。C/S是一种基于服务器的结构，通过将用户系统中的展示界面和业务逻辑相结合，以网络的方式与数据库服务器相结合，具有操作界面丰富、安全性能强、响应迅速等特点，但是随着软件的应用场景越来越复杂，往往出现维护成本较高、受操作系统制约等问题。B/S由在逻辑上彼此分离的表现层、所述业务层和数据层组成，应用软件只需安装在服务器端，用户终端通过浏览器就能访问。该模式下的软件实现了用户与服务器之间的信息交互，这种多层次的结构可以实现分布式应用软件中各层次之间的数据交互，也能够解决不同网络间的数据共享和通讯问题[147]，结构如图6-5所示。因此，为了解决客户端后期依赖性问题、降低维护成本、满足生产线的实际需求，本系统选用B/S架构完成设计与开发，对于预制构件协同管理系统架构设计自下而上划分为物理层、数据层、孪生层、应用层和用户层[148]。

在B/S模式下，客户端通过统一的浏览器软件，就可以直接访问服务器。客户端通过浏览器发出访问网络的HTTP请求，由网络服务器接受用户的请求，然后通过一定的数据库接口访问后台的数据库服务器，由数据

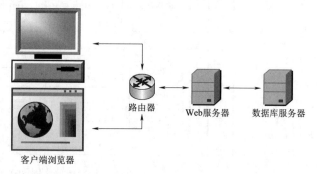

图6-5 B/S结构图

库服务器处理查询请求，将数据加工结果返回给网络服务器，然后由网络服务器将结果转化为 HTML 文档及各种脚本传回客户端的浏览器。B/S 模式把 C/S 的肥客户机/瘦服务器的结构变为瘦客户机/服务器，减轻客户端的负担，客户端软件简化到只需要安装通用的浏览器软件，简单易行，方便网络管理。基于 TCP/IP 协议和 HTTP 协议能够很好地解决跨平台性，在 B/S 结构下开发的系统具有开放性和通用性的优点，不仅易于维护、开发成本低、培训费用少，而且具有扩展性好、移植性强、最大限度地实现资源共享等优点。

6.1.3　系统功能设计

由于预制构件生产过程中的数据和信息量大、结构复杂，因此，数据表的合理设计对系统的修改、维护都具有重要意义，数据表设计原则如下：

（1）对数据表内的关系进行规划并对各种数据源进行协调，以确保数据的一致性并能够正确反映生产过程中各构件之间的联系。

（2）建立完整的数据库，其中，数据资料表中的主键必须是唯一的，对多表进行操作时也应确保其完整性。

（3）确保机制的安全性，避免由于使用不当造成的数据丢失和格式损坏等状况出现。

通过对系统整体功能需求及实际生产线的生产情况进行分析，明确订单管理、生产流程管理、设备预警管理、养护室管理等是预制构件生产过程中的主要要求，依照生产线总体设计进而实现各细化功能模块数据信息的综合存储[149]。

根据系统架构和实际应用情况，将系统功能划分为系统信息和生产信息两大类，其中，系统信息主要包括：工厂信息、设备管理、预警参数配置等功能模块；生产信息主要包括：看板、构件管理、生产计划、生产数据管理、二维码追溯等功能模块，如图 6-6 所示。

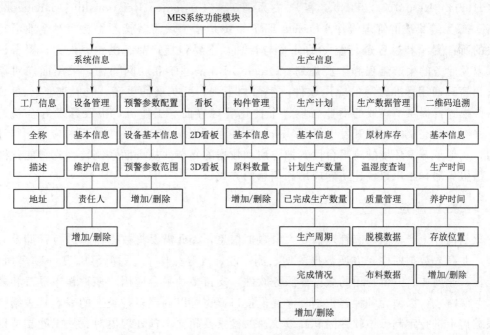

图 6-6　系统功能模块

6.2　系统关键技术

面向预制构件生产车间协同管理业务需求，系统遵循面向服务架构，关键技术主要包括系统基础框架、数据库、可视化仿真、网络通信和 PLC 控制等。

6.2.1　系统基础框架

JeeSite 是一个开源的企业信息管理系统基础框架。主要定位于"企业信息管理"领域，可用做企业信息管理类系统、网站后台管理类系统等。JeeSite 框架以 Spring Framework 为核心、Spring MVC 作为模型视图控制器、Hibernate 作为数据库操作层，此组合是 Java 界业内最经典、最优的搭配组合。采用了结构简单、性能优良、页面精致的 Twitter Bootstrap 作为前端展示框架。JeeSite 内置一系列企业信息管理系统的基础功能，目前包括三大模块，系统管理（SYS）模块、内容管理（CMS）模块和在线办公（OA）模块。系统管理模块包括用户管理、机构管理、区域管理等企业组织架构、菜单管理、角色权限管理、字典管理等功能；内容管理模块包括文章、链接等内容管理，栏目管理、站点管理、公共留言、文件管理、前端网站展示等功能；在线办公模块提供简单的请假流程实例。JeeSite 提供了常用工具进行封装，包括日志工具、缓存工具、服务器端验证、数据字典、当前组织机构数据（用户、机构、区域）以及其他常用小工具等。另外还提供一个基于本基础框架的代码生成器，为用户生成基本模块代码，有利于快速开发出可用的信息管理系统。

Oracle EBS 全称是 Oracle 电子商务套件（E-Business Suite），是在 Application（ERP）基础上的扩展，包括企业资源计划管理（Enterprise Resource Planning，ERP）、人力资源管理（Human Resources，HR）、客户关系管理（Customer Relationship Management，CRM）等无缝集成的管理软件。Oracle EBS 系统是基于供需链管理思想，对企业活动中有关的所有资源和过程进行统一的分类与管理，主要包括产品、供销、人力、财务、物料，以及业务的生产流程和生产规划。Oracle EBS 是基于互联网架构，采用面向对象的 Java 语言和通用标准编写的应用软件，生命力更强，可扩展性更高。它脱离了传统 ERP 的软件模式，提供了集成的商业智能、个性化管理界面、工作流，报表开发等全新的功能，并有一套完整的二次开发工具。Oracle EBS 的设计采用三层框架体系并应用网络计算结构，实现了开发环境的跨平台性，把应用和数据的复杂性从桌面系统转移到智能化网络和大型服务器，给用户快速访问应用和信息的方式。

6.2.2　数据库技术

预制构件生产车间动态管理需要大量数据信息，因此需要将数据信息进行存储及分类整理，并存入数据库中，方便数据的增、删、改、查等操作[150]。MySQL 是一款多用户、多线程、速度快、方便易用的数据库服务软件，支持多种平台应用、多种程序语言和多种数据存储格式，以便为各种客户端程序提供接口，也可以创建多种类型的表，其表结构可以根据需求进行定制。该软件因其高效快速的检索及超文本预处理器对其的无缝支持得到越来越多应用。

　　由于 MySQL 使用过程中通过 cmd 命令，操作不是很方便，在系统开发过程中，借助 Navicat Premium 数据库管理工具进行数据库的管理，数据表的操作等功能[151]。Navicat Premium 数据库管理工具操作 MySQL 数据库应用界面如图 6-7 所示。

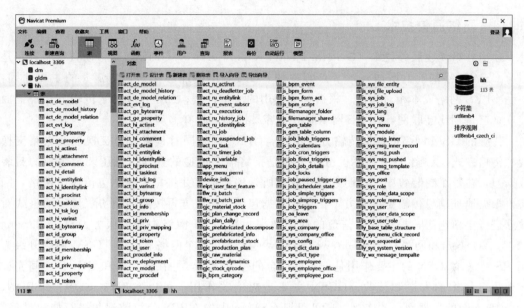

图 6-7　MySQL 数据库应用界面

6.2.3　可视化仿真

　　可视化仿真是利用三维仿真建模技术将物理实体的三维模型与实时数据相结合，在计算机中创建仿真系统，其图像、动画等其他功能的实现能够使仿真过程直观、逼真，且仿真结果更容易被接受和理解，最终对物理生产系统的管理与调整提供依据[152]。它是一种以数据为基础的仿真系统，是通过对大量数据进行分析处理并显示在屏幕上，将仿真对象的物理特性进行可视化的计算机软件。

　　可视化仿真系统主要由模型、视图、操作、控制等几个部分组成，其中模型包括对象、属性和行为。视图包括模型的整体视图、局部视图、元素视图、关系视图和实体视图。操作包括操作的方式和内容。控制包括对象和属性之间的关系。传统的可视化仿真一般是以数学模型作为基础，但在实际应用中存在很多缺陷，例如，计算量大、建模复杂、不易修改。传统数学建模方法不能解决复杂工程系统中存在大量不确定性因素的分析计算问题，而可视化仿真具有强大的人机交互功能，能够有效地克服这一困难。基于可视化的仿真技术能够更加直观地向人们展示系统或装置在运行过程中的状态和信息，使人们更加容易理解和掌握系统或装置所要表达的内容，同时也为人们提供了一种新的方式来分析和解决问题，因此，可视化仿真得到越来越多的应用。

　　可视化仿真是一种集计算机技术、图像处理技术和通信技术为一体的高科技综合应用技术。相比传统模拟技术，可视化仿真技术提供了更加形象生动、易于理解的界面，可以对复杂系统进行动态监控与模拟仿真，从而使整个仿真过程变得直观、形象、逼真，提高系统的可信度；通过程序设置，可以在三维环境中对各种复杂模型进行操作和观察，使用户能够"身临其境"地进行操纵和观察；按照用户指定的时间间隔自动循环模拟和再现各种复杂系统模型[153]。

6.2.4　网络通信技术

通用分组无线服务技术（General Packet Radio Service，GPRS）指移动数据服务，是在原 CSM 网络基础上增加一些节点实现的。GPRS 网络能够作为传输媒介的主要原因：一是 GPRS 网络成本相对较低，根据业务使用的流量计费；二是这种网络传输方式覆盖面较广；三是相比互联网，GPRS 网络服务更容易搭建，具有移动性。

传统的 GSM 网络内数据传输方式单一，GPRS 网络同时具有分组交换以及电路交换两种传输方式，如图 6-8 所示。分组交换是指将需要传递的数据信息压装为单独的封装数据包，在每个封装包中都写明数据接收方所处的地址，并将每个数据包传输至网络，网络再根据地址信息传输至接收方，在接收数据包后，接收方再按照通信协议规定的格式对数据进行重新组织，提高数据信道的使用效率。在 GSM 网络中加入服务 GSN（Serving GSN，SGSN）和网关 CSN（Gateway GSN，GGSN）两个网络节点后，GSM 网络升级为 GPRS 网络。SGSN 的主要作用是记录移动台的位置信息，并在移动台和 GGSN 之间完成移动分组数据的发送和接收。GCSN 主要是起网关作用，可以实现与 ISDN、PSPDN、LAN 等不同的数据网络的连接，还可以把 GSM 网中的 GPRS 分组数据包进行协议转换，从而将这些分组数据包传送到远程网络。

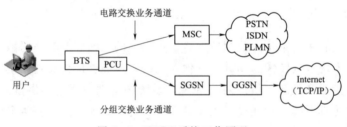

图 6-8　GPRS 系统工作原理

6.2.5　PLC 控制技术

PLC 主要用于控制系统内部存储程序，执行顺序控制、逻辑运算、计数、定时等面向用户指令的一类可编程的存储器，并且可以通过数字量或者模拟量的输入、输出等来控制不同类型元器件的运动过程。PLC 的功能以及各领域的使用情况大致可以归纳为以下这几类（见图 6-9）：

（1）逻辑控制：这是 PLC 最广泛、最简单、最基本的应用功能，可以取代传统的继电器、接触器控制电路，实现逻辑、顺序控制，既可用于单个设备上的自动控制，也可用于自动化生产线控制。如印花机、丝网机、钻床、电镀流水线、物流输送线、组合机床、磨床、包装生产线、装配生产线控制等领域。

（2）模拟量控制：生产过程中存在许多连续变化的量，例如，温度、速度、液位、压力、流量等参数都是模拟量。为了方便 PLC 快速处理模拟量数据，需要实现模拟量和数字量之间的 A/D 转换及反向的 D/A 转换。大部分控制器厂商都生产配套的 A/D 以及 D/A 转换模块，使可编程控制器可以方便地应用于模拟量控制。

（3）运动控制：PLC 可以方便地用于伺服电机、步进电机等机构的加减速运动控制。从控制体系配置来看，初期阶段基本上直接运用开关量输入输出模块搭配位置传感器和电机等执行元件，目前各类 PLC 也都具有运动控制、脉冲控制语句提供给编程人员选择，也有单轴或多轴的位置控制模块。PLC 运动控制功能广泛用于各种

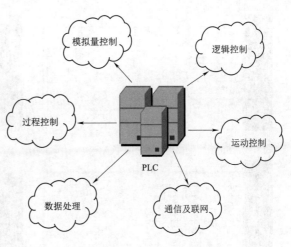

图 6 - 9　PLC 六大功能

场合，结合执行元器件的机械结构设计可实现精确的定位控制。

（4）过程控制：过程控制是指控制对象为风速、油温、湿度等模拟量的闭环控制。PLC 可以编写多种控制算法程序，从而实现闭环控制。PID 调节作为应用较多的一种调节手段已经被纳入到大部分 PLC 模块中。通过调用 PID 子程序来达到过程控制目的的控制策略，在自动控制、智能建造、机电等领域具有非常广泛的应用。

（5）数据处理：PLC 具备数学运算、传输、排列、查表、转换以及位操作等功能，能够实现对各类数据的采集、分析及处理，以上数据处理功能常用于诸如无人控制的柔性制造系统或者工业大型控制系统。

（6）通信及联网：主要包括 PLC 与 PLC 之间的通信以及 PLC 与周围设备（工控机、变频器等）之间的通信。随着智能建造、智慧车间等的快速发展，车间内部网络搭建也变得十分重要，这也使得各 PLC 厂商开发 PLC 的联网功能。目前市场上 PLC 新产品通常都具有通信接口，例如，RS232、485 串口模块，INTERNET 网口模块等，使用方便，设置简单，使得 PLC 通信及联网功能更加丰富多样。

基于 PLC 构建的预制构件生产车间控制系统给构件生产设备提供了较为稳定的控制应用，随着工业生产现场各种设备向着数字化、自动化和集成化发展，PLC 控制系统也逐渐成为远程监控系统、远程故障诊断的重要工具。

6.3　系统应用功能

系统工作过程中根据数据传递来优化和管理产品生产至订单结束的全过程，以便能够有效地提高及时交货的能力[154]。主要提供综合展示模块、系统信息模块、生产信息模块和协同管理模块四项应用服务，如图 6 - 10 所示。

6.3.1　综合展示模块

按照系统信息与生产信息将系统细化为八个管理模块，管理人员输入地址可访问系

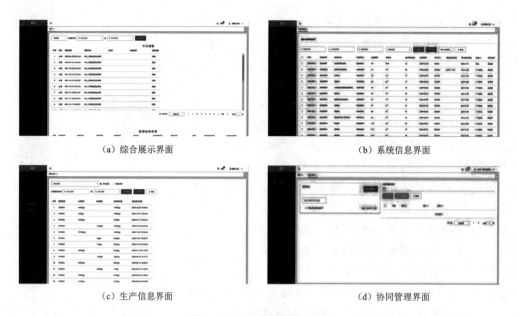

(a) 综合展示界面　　　　　　　　　　　　(b) 系统信息界面

(c) 生产信息界面　　　　　　　　　　　　(d) 协同管理界面

图 6-10　系统各模块界面

统，在正确输入用户名和密码后登陆系统。系统以现代信息技术为支撑，将计算机网络、通信网络、数据库和管理软件有机结合，在接收到来自用户的指令后，根据所需执行任务自动启动相关功能模块，实现预制构件生产数据和信息资源的共享、协同工作以及信息交流和业务流程的优化重组，进而实现生产车间的协同管理，提高生产线生产效率和车间管理水平。通过数据传递，对构件从订单下达到生产完成的整个过程进行优化管理。在生产线正常工作时，系统可将输入的生产订单按类型分为多个工单，并对其进行及时响应和指导。在发生异常情况时，通过对生产线的历史运行情况进行分析，根据不同工序在加工中产生的异常状况来判断故障原因，然后针对发生的异常情况及时发出警报并采取相应措施解决。在设备处于良好状态下，结合每个工位的生产时间，将优化后的生产计划上传至生产线排产模块，使系统能够有效地引导生产线排产调度，以便提高生产线生产能力，其工作流程如图 6-11 所示。

综合展示服务模块是平台的首页页面，显示工作日当天的预警信息，主要包括温湿度异常、原材料库存不足、设备状态异常等方面的预警信息和设备定检提示信息。预警信息按报警时间顺序排列，并逐条显示报警的具体内容，包括报警区域、控制器编号以及所处状态等信息。在管理人员进行相应处理后，操作状态栏由"未办理"变更为"办理"，同时显示处理人姓名以及处理时间。页面设有查询工具栏，管理人员可根据事件的操作状态、报警的起止时间进行分类查询。

6.3.2　系统信息模块

系统提供预制构件生产线设备管理、生产线可视化、数据信息采集与实时监控等功能，以期提高生产线的协同管理水平。系统信息管理从工厂信息、设备管理、预警参数配置三个模块进行设计。

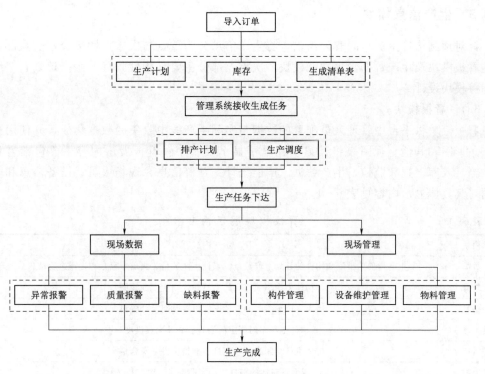

图 6-11 系统工作流程

（1）工厂信息。工厂信息模块包括预制构件生产车间的名称、描述、经度、纬度、地址、构件数量等基础信息。

（2）设备管理。通过设备管理模块可以对生产线中各设备的信息、管理情况、维护记录等进行查询及管理，管理人员可通过加载页面查询生产线各设备信息，定义了设备编号、设备名称、规格型号、电机编号、检定周期和购置日期等详细信息，从设备维护记录管理中心也可查到设备的维修状况。通过增加/删除功能可对新进设备进行记录管理，并可根据具体需要对设备管理信息进行选择并导出 Excel 表格供查询。在添加设备信息时，需要为每台设备设定相应的定检周期，在每月定检时间当天平台会将定检信息传送至综合展示服务模块，用于定检提醒。除人工逐条录入设备信息外，系统还支持 Excel 导入方式添加设备信息，为设备大量进厂时的信息录入提供了便利。页面中的"导出"功能，可以一键导出设备信息报表，便于后期进行固定资产统计及成本核算。

（3）预警参数配置。预警参数配置模块是对整条生产线的托盘数量、养护室温湿度、油量剩余等进行参数配置，主要包括名称、单位、参数范围、备注、操作等，可以通过添加/删除工位来补全生产流程。在预警参数配置模块中还可以对各项监测数据的报警阈值进行配置，用于和从 PLC 获取的数据进行比对，当获取的数据不在配置的阈值范围内时，平台会自动生成报警信息，并传送至综合展示服务模块，提醒管理人员及时处理。在进行参数配置时需要添加监测点的组织机构名称、配置项名称、单位，并为每项内容设置参数范围的最小值或最大值。

6.3.3 生产信息模块

针对预制构件生产车间实际需求，将生产信息分为重点与次重点两部分，重点部分主要是看板模块及生产数据管理功能模块，次重点部分主要是构件管理、生产计划、二维码追溯等模块设计。

6.3.3.1 看板模块

看板模块将平台中管理人员配置的数据与实际生产线中收集的数据集成，并使用折线图、条形图和其他直观图表将其显示在电子显示设备中。看板展示内容主要包括当日生产、当日入库、视频监控、生产数据、产能统计、预警信息、现场人员、设备信息和养护数据，其具体显示内容见表6-1。

表6-1　　　　　　　　　　看 板 模 块 展 示 内 容

展示模块	显 示 内 容
生产数据	生产构件的类型和构件的计划生产数量、累计生产数量、当前库存量和生产进度信息
产能统计	构件生产车间每天的当日和计划生产曲线图
预警信息	当天生产设备的异常情况、报警时间及处置情况
当日生产	构件生产车间制定的当日计划及完成进度
当日入库	构件生产车间当日入库量、抽检构件量及合格率
视频监控	360°球形可转动的构件生产车间现场实时监控视频
现场人员	构件生产车间内人员的姓名、编号及上班时间信息
设备信息	布料机、翻转机、磨具清洗机、喷涂站、码垛机器人和滚筒台的下次检定日期、生产量及运行状态信息
养护数据	养护室在各个时间段的温度、湿度信息

数据集成看板将管理人员在平台中配置的数据与实际生产线中采集的数据进行整合，并采用折线图、柱状图等形象直观的图表在电子显示设备中进行展示。看板包括产能统计、生产数据、视频监控、养护信息、当日产量、材料预警以及质量管理共七个方面的内容。生产数据面板采用仪表盘形式展示每日计划产量与实际产量，并计算已完产量占计划产量的百分比，从而直观反映生产进度，便于管理人员及时调整生产计划。视频监控面板接入了厂区内视频监控画面，构件生产车间共设置十二个高清摄像头，在视频监控面板内可任意切换各个摄像头的监控画面，从而实现对厂区的全方位动态监控。养护信息面板可以反映自动蒸汽养护室中各线路构件的养护情况，并实时监控养护室温度和湿度，从而保证养护工作的顺利进行。材料预警面板包含各原材料的库存数量信息，当原材料库存低于设定值时，该材料显示红色予以预警，以便管理人员及时补充原材，保证后续工序的正常进行。质量管理面板接入了自动码垛机器人的数据统计分析系统，统计并得出预制构件成品的合格率，从而实时监督产品质量，有助于管理人员进行产品质量管理。

6.3.3.2 生产数据管理功能模块

对生产数据管理模块进行详细划分，如图6-12所示。其中原材库存模块详细记录了原材类型、入库操作、出库操作、库存剩余量和更改库存时间，通过选择原材类型和库存更改时间对库存信息进行查询，还可根据需要对原材库存数据进行导出；温湿度查询模块详细记录了各个时间构件养护的温湿度，通过输入编码对构件养护信息进行查询，还可根据需要对温湿度数据进行导出；成品库存模块详细记录了构件名称、构件类型、强度等级、入库操作、出库操作、库存剩余量和更改库存时间，通过选择构件类型、强度等级和库存更改时间对构件信息进行查询，还可根据需要对成品库存数据进行导出；质量管理详细记录了构件名称、构件类型、强度等级、抽检时间、抽检数量和不合格数量，通过选择构件类型、强度等级和抽检时间对构件信息进行查询，还可根据需要对成品库存数据进行导出；脱模数据模块详细记录了构件名称、构件类型、强度等级、生产数量和脱模日期，通过选择构件类型、强度等级和开始至结束时间对构件信息进行查询，还可根据需要对脱模数据进行导出；布料数据模块详细记录了构件名称、构件类型、强度等级、生产数量和布料日期，通过选择构件类型、强度等级和开始至结束时间对构件信息进行查询，还可根据需要对布料数据进行导出。

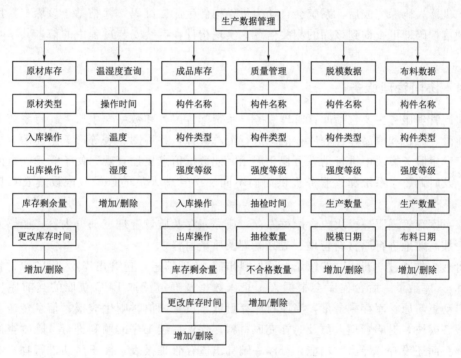

图 6-12 生产数据管理模块划分

6.3.3.3 次重点细化模块

次重点细化的三个模块主要为实现构件管理、生产计划及二维码追溯管理。其中构件管理模块记录了构件的名称、类型、强度等级及尺寸，对构件的混凝土量、钢筋量、预计完成块数和已完成块数进行统计管理，可按照构件类型或强度等级进行查询；生产计划模块详细记录了当前构件库中所有构件的名称、类型、强度等级、预计生产数量、已生产数量、开始时间、结束时间、生产周期和完成情况，并可以设置构件类型、强度等级、完成情况和计划时间，根据需要对构件信息进行导出；二维码追溯模块详细记录了每个构件的名称、类型、强度等级、码垛号、生产时间、蒸养开始及结束时间等信息，并可通过设置构件类型、强度等级和开始时间对构件进行查询。

构件管理服务模块包含所有生产构件的基本属性信息、计划生产量及实际生产量等情况。管理人员通过"新增"按钮添加所需生产构件的详细信息，具体包括构件类型、构件尺寸、混凝土强度标号、混凝土消耗量、钢筋用量及计划产量等内容。同时平台会同步从生产线中采集到的实际构件生产量数据，并按构件类型展示已完成数量。

生产计划服务模块服务于构件的生产进度控制，在编辑每种构件的生产计划时，需要记录构件的名称、混凝土强度等级标号以及预计生产数量，并为每种类型的构件制定相应的生产周期，平台会由此计算出每天的生产计划及月计划，为实际生产作出指导。此外，生产线中的实际生产数量会同步至该模块，将实际生产进度与预设生产计划进行对比，统计每种构件的生产完成情况，便于生产进度控制。

二维码追溯服务模块中记录了每垛构件的详细信息，包括构件类型、码垛号、物资批号、养护起止时间与成品存放位置等内容，这些信息均包含在每垛构件的二维码中。生产线中的机器人码垛完成后，系统会自动为每垛构件生成二维码，并粘贴于该垛上，用浏览器或微信扫码即可查询到该垛的相关信息，实现构件在后续安装过程中的信息共享与追踪溯源。

6.3.4　协同管理服务

协同管理服务主要包括库存管理服务、系统配置服务和数字孪生服务。将系统中生产线的质量、原材和成品库存等库存信息进行汇总统计，并用图、表等形象生动的表现形式在数字孪生服务模块中进行动态可视化展示，使数据信息更加直观，便于管理人员的实时监管、及时调整。系统配置服务提供面向不同层次管理人员的账号权限设置及账户管理功能。

（1）库存管理服务模块包含原材库存、成品库存及质量管理三部分内容，能够使管理人员更加高效地进行原材料管理、成品管理及质量监督。

管理人员通过"新增"按钮添加原材料出库/入库信息，包含出库/入库的原材料类型和出库/入库数量。后台程序会根据人工录入数据及通过读取 PLC 获取的当前原材消耗量，自动更新原材库存剩余量，当原材库存量低于设定阈值时则生成报警信息传送至综合展示服务模块，提醒管理人员及时补充原材料，保证后续工序的顺利进行。除"查询"功能外，页面还设有"导出"功能，可以一键导出库存管理报表，便于后期进行物资统计及成本核算。同原材库存类似，在成品库存页面中可以通过"新增"按钮人工录入成品出库/入库信息，或通过后台程序读取 PLC 获取生产线中的构件生产数据，并实时统计更新成品库存剩余量。

质量管理模块主要对抽检的时间、数量、不合格数等信息进行记录。生产线中自动码垛机器人的程序中带有抽检功能，能够对预制构件的外形尺寸、裂纹等进行检测分析，判断是否合格，并通过网络通信模块将数据传送至该模块，进行数据统计记录，用于生产线的产品质量分析，为质量控制提供依据。除自动抽检外，系统还预留了人工抽检信息录入口，管理人员可以通过"新增"按钮添加人工抽检的相关信息。

（2）系统配置服务。岗位权限管理是根据企业不同层次管理部门和主管人员在各种管理业务中所享有的不同类型的职权来分配平台管理权限的系统配置页面，根据用户的权限不同，可以对平台内容进行不同程度的增、删、查、改等操作。账户管理主要包括角色维护和用户维护两部分。角色维护必须是超级管理员的权限才能够操作，信息包括角色 ID、角色名称等基本属性。用户可以对角色进行添加、删除及修改等操作。用户维护主要是显示公司中各种角色账户信息，基本信息包括用户账号、用户名、用户类型、电话、所属公司名称、所属市、区、分区、状态等信息。

（3）数字孪生服务。通过数字孪生技术搭建三维可视化虚拟构件生产线虚拟工厂看板（见图 6-13），并按照一定比例真实展现构件生产线及车间的各项设备及生产流程，可任意放大、缩小、从各个方位视角查看生产线的即时工况，能够动态化展示生产线的当前设备状态、实时生产动作及各项监测数据。数字孪生服务模块的当日生产数据面板和养护数据面板从进度角度进行完成情况展示，直观展示当前的生产任务以及与目标之间差距，以便实时跟进生产工作，敦促按原计划完成生产目标。质量数据面板从质量角度进行合格率展示，力求提高生产效率，降低生产成本，追求精益化生产。人员数据面板从人员角度出发记录值班人员工作情况，督促管理工作，落实岗位责任。报警数据面板包括设备运行状态预警、温度预警、湿度预警、闲置托盘数量预警以及材料库存预警，对生产线的实时数据进行监测，便于生产线的协调管理以及突发情况的及时决策。该看板将人员、设备、材料以及车间环境集于一体进行直观展示，从而实现生产线智慧化管理的目标。

图 6-13 数字孪生虚拟工厂看板

6.4 系统效果评价

系统开发完成之后在预制构件车间进行应用，取得了良好的成效。从管理效率、数据积累及决策支持（各部门辅助管理）三个方面对系统的应用情况进行分析。

（1）管理效率。通过应用系统替代传统管理方式，形成以信息化管理为主的管理方法，通过系统对预制构件生产业务管理流程进行优化，能够提高生产效率和管理水平。管理效率是指企业为实现其经营目标而在组织结构、生产要素、管理手段等方面所做的决策与资源配置的优化组合，以提高单位时间内实现利润最大化目标的能力，因此，只有实现了企业管理中的"效率"，才能提高企业利润，使企业具有更强的竞争力。与过去的管理方式不一样的是，本系统对生产流程进行全面分析，通过对产品研发、生产、销售和售后服务全流程的跟踪，为管理人员提供产品信息查询、产品销售情况查询、订单管理等功能；通过统计分析报表、历史数据统计功能，提供生产数据报表，便于管理人员掌握生产情况并提高管理效率。

（2）数据积累。车间在生产预制构件过程中会产生大量数据，这些数据经过"加工处理"可以为管理提供决策支持。传统人工车间管理过程中，预制构件生产原材、工艺流程及生产状况等基础信息需要靠人工用 Excel 表保存记录，费时费力且错误率较高。经过设备及产品工艺的更新换代后，其基础信息的更新和生产数据的记录保存容易出现断层情况。针对这些问题，通过建立数据库实现多源数据的管理，保证数据源唯一且准确，基于系统管理人员能及时更新和修改数据。该系统能够为生产过程提供数据支持，采用信息化技术及时收集生产过程中的实时数据，经快处理和分析保存到数据库中并传送到管理层，确保数据来源可靠以及及时有效。

（3）决策支持。在预制构件生产过程中，传统管理模式下，各个部门都会参与构件从生产任务下达到结束的整个生产过程，但是，管理水平参差不齐，信息化程度也很低，各部门的协作配合程度不高。在面对这样一个复杂的生产过程时，协同效率低下就成为了影响构件质量的重要因素。针对此问题，应积极转变思路，采用现代化手段对构件生产进行辅助管理。在没有使用该管理系统时，生产计划不能及时更新且工作量较大，不能及时发现问题，造成产品质量不一；检验数据记录不规范，存在错漏等情况；对产品问题处理不及时，导致不合格产品较多，返工情况严重，无法正常入库等问题。基于系统可动态查看与更新构件生产数据，且各关键工位都设立有质量检测点，对不合格产品进行缺陷管理，针对所存在问题进行及时补救。系统可实现对构件的质量监控，减少检测成本，提高效率，实现检测设备信息共享、统一监控及集中管理。

6.5　本章小结

本章将预制构件生产线仿真、车间空间布局优化与仿真调度等进行综合集成应用，搭建了预制构件生产车间协同管理系统，从系统设计、系统关键技术、系统应用功能及效果评价四个方面进行论述。基于系统实现构件生产过程可视化，对生产线和车间进行监控，动态收集构件生产过程中数据，对车间布局进行优化调度，为构件生产线与车间提供协同管理服务，提高构件生产线和车间的管理效率和决策水平。

第 7 章

预制构件智能生产协同管理体系

　　预制构件智能生产协同管理通过合理有效地组织整合各种资源，使生产加工过程、设备资源及作业内容协调运行。本章通过建立协同管理体系明确管理组织机构、制度及其职责，从信息、人员、材料、设备、质量、进度、安全和环境管理八个方面，结合系统有效地解决生产线各资源之间的协同问题，提升预制构件生产车间管理效率。

7.1　协同管理体系建立

　　随着"互联网＋"的发展及其在不同行业领域的推广应用，利用互联网技术打造智慧车间，推动建设工程项目实现智慧化管理，实现绿色建造和智能建造，已成为建造业转型升级的发展趋势和要求。随着管理水平不断提升，生产车间的管理效率显著改善，但在生产过程中仍存在着不少问题，例如，各方信息不对称、生产进度模糊不清以及出现问题无法及时反馈等。为解决当前预制构件生产车间管理出现的问题，提出预制构件生产车间协同管理体系，在传统管理基础上，依托信息系统实现支撑现场管理、互联协同、智能决策、数据共享，进一步实现预制构件生产车间的协同管理、信息化管理与智慧化管理。

　　通过协同管理可以将生产车间的各种资源有效关联，形成有机整体，实现各方的有效沟通，打破信息由任务链上游向下游传递的单一传递方式，实现过程协同，进一步促进各个管理职能的配合，实现信息协同，高效共享。预制构件生产车间协同管理指在生产过程中，将各作业单元的各类资源进行关联，为实现共同的目标进行协调和运作，相关数据和信息可以通过协同管理体系进行共享，各参与方均能从中获取所需要的信息，并进行数据和信息的交流，消除项目参与各方数据不互通，信息冗余和信息孤岛的现象，提高预制构件的生产效率。该体系采用系统工程理念，将数字孪生车间和全过程协同管理通过管理系统有机结合，考虑各方联系的基础上进行决策和制定规划，确保整个车间内各参与方、各项生产计划和各类管理信息等紧密联系，彼此进行协同运作，有助于车间的整体生产目标实现，达到智能生产及协同管理目标，如图 7-1 所示。

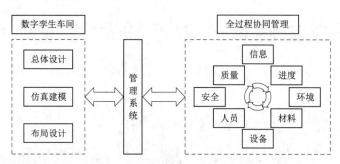

图 7-1　车间协同管理体系

协同管理体系构建思路包括管理目标设定、构建管理机构、制订管理制度和明确管理职责四个部分。构建协同管理体系的重点是管理目标设定，将生产车间各参与方的单位目标整合在总体生产目标下，实现及时、有效地进行各类决策。体系建立的具体做法包括目标设置、实现目标过程的管理和评估与总结三个阶段。目标设置是目标管理最重要的阶段，主要包括目标分析、目标体系设计、目标建立与分解三个步骤。协同管理的目标是使生产过程和现场管理平稳高效、方便快捷，即为整合车间各作业单元内外资源，协同组织内各部门协作，确保子目标符合组织战略目标方向，利用策划、技术、财务、组织等管理手段以车间总的生产效益最大化为原则进行管理。在实施过程中，需要多个职能部门之间的协调合作来实现生产车间的总目标，因此由协同管理系统为生产车间各参与方共享提供决策辅助与数据支持，当突发事件和不可预测事件影响目标实现时，采取一定程序对原有目标修改。定期组织评估总结会，评估目标达成则讨论下一阶段的目标，开始新的管理周期；评估目标未达成，则分析原因，总结教训，以保持相互信任为原则避免相互指责。

7.1.1　管理机构

管理机构是负责管理人类社会经济活动的执行单位，为了完成特定的项目任务，需要建立相应的管理组织结构。在该体系中，管理组织机构通过一系列职能分工来发挥其职能作用，以保证车间各项管理工作有序进行，提高生产效率和管理水平。车间管理机构是所有协调活动的基础和前置条件，确立特定的组织架构和正式的关系与职责模式，从而构建一个组织的责任和信息交流体系。因此，车间管理组织机构设计的好坏直接影响到项目能否成功运行。为了确保车间的总目标得以实现，并让各参与方在生产过程中能够高效的工作，必须遵循组织效率的原则，并在管理的跨度和层次之间进行权衡。基于此，生产车间需建立一个规模适中、组织结构层次较少、结构简洁且能够高效运行的管理组织机构。

管理机构遵循的核心原则包括目标一致性、权责均衡、适应性与灵活性、组织平衡，以及确保组织成员和职责的连贯性和一致性。在制定组织结构设计的过程中，除了遵循基础准则之外，还需要权衡管理层次与管理范围之间的平衡和连接。管理层次描述的是从高层管理者到基层操作人员的层级数量，一个合适的层级结构不仅是建立合理组织结构的基础，也是实现分工的关键环节。当管理层级增多时，信息的传播速度会减缓，并可能导致信息失真。因此，需要把各级管理者分成若干个相互联系、相互依赖又相对独立的层次。随着层次的增加，所需的人手和工具也随之增多，使协同管理工作变得更为困难。因此，对各级管理人员要进行有效的组织和控制，使之在一定范围内有序流动，才能发挥最大效能。管理跨度也称管理幅度，描述的是一个高级管理者可以直接管理的下级员工的数量。它反映了上级对下级管理的广度和深度。随着时间的推移，管理人员之间的互动关系变得更加频繁，因此处理人际关系的任务也相应增加，这也导致他需要承担更多的工作负担。参考已有文献通过计算一个管理者所直接涉及的工作关系数来计算所承担工作量的模型：

$$C = N(2^{N-1} + N - 1) \qquad (7-1)$$

式中：C 为可能存在的工作关系数；N 为管理幅度。

管理者下属人数按算术级数增加时，该管理者所直接涉及的工作关系数则呈几何级数增加。当 $N=2$ 时，$C=6$；当 $N=8$ 时，$C=1080$。所以跨度越大，管理者所涉及的关系数越大，所承担的工作量过大，而不能进行有效的管理。管理跨度与管理层次相互联系、相互制约，二者成反比例关系，即管理跨度越大，则管理层次越少；反之，管理跨度越小，则管理层次越多。合理地确定管理跨度，对正确设置组织等级层次结构具有重要的意义。确定管理跨度的最基本原则是最终使管理人员能有效地领导、协调其下属的活动。

预制构件生产车间使用直线式管理机构，建立合理的管理组织机构和人事安排，选择领导机构和培训人员。通过制定管理工作流程，落实各方面责、权、利关系，制定管理工作规则，编制项目手册。指导项目经理部工作，积极解决出现的各种问题，处理内部与外部关系，沟通、协调项目参加者各方。直线式组织结构是出现最早、最简单的一种组织结构形式，构件生产车间项目经理直接进行单线垂直领导，避免了由于多从指令而影响组织正常运行，如图 7-2 所示。直线式管理机构具有结构简单、秩序井然、命令统一，工作效率高等优点，在构件生产车间的管理机构中信息流通较快，项目经理的决策可以迅速反馈执行，生产车间的生产过程易控制，各作业单元生产任务分解明确，各参与方责权利明晰。

7.1.2 管理制度

管理制度是为保证组织任务的完成和目标的实现，组织活动开展应当遵循的方法、程序、要求及标准所作出的规定。管理制度作为完善施工项目组织关系、保证组织机构正常运行的基本手段，是实施一定的管理行为的依据，是社会再生产过程顺利进行的保证。协同管理体系设定合理的管理制度可以简化管理过程，提高管理效率。常用的项目管理制度主要包括项目范围管理制度、

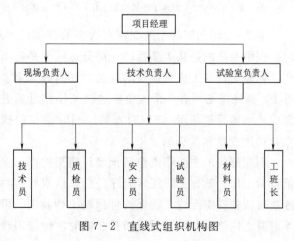

图 7-2 直线式组织机构图

项目进度管理制度、项目成本管理制度、项目质量管理制度等。

　　预制构件生产车间协同管理体系主要管理制度包括质量管理制度和安全管理制度。生产车间质量管理制度包括质量监督管理制度、质量事故报告制度、质量检测制度、质量保修制度和质量认证制度等。生产车间安全管理制度以安全生产责任制为其核心，明确了生产车间各岗位的具体安全职责，指引和约束项目所有人员在安全生产方面的行为，是安全生产的行为准则。

7.1.3　管理职责

　　在确定管理机构和制度之后，需要进一步确定各团队组织及其成员的职责，即明确项目成员的工作职责。在等级层次结构中，每个成员的职责由其在等级结构中的职位确定。职责矩阵是组织结构的一个必要补充，组织结构决定着所有项目参加者之间关系的组织原则。考虑到每一个建设工程项目都有它的独特性，所以针对某个具体建设工程项目，它的组织结构都应该是专门设计的。职责矩阵的最基本形式由表示工作的行与表示项目涉及人员的列组成，见表7-1。每一项活动职责矩阵会对相关的人员分配不同的职责。职责矩阵中可能会有许多不同种类的职责。

表7-1　　　　　　　　　　　　职　责　矩　阵　表

工　作	人　员			
	项目经理	现场负责人	技术负责人	试验室负责人
信息管理	X/P	X/P	C	C
人员管理	X/P	X/P	C	X/P
材料管理	P	C	X/P	X/P
设备管理	P	C	X/P	X/P
质量管理	P	C	X/P	X/P
进度管理	P	X/P	X/P	A
安全管理	P	X/P	X/P	P
环境管理	P	X/P	A	C

　　注　X—执行工作；P—管理工作或控制工作；C—参与某事的商讨或提供咨询；A—提供建议。

　　表7-1所示矩阵中的职责对大多数情况已经明确，表中每一种职责都由一个字母对应。表中关注的是某个项目的一部分，任务是将项目任务分解定位。行显示各种不同的工作，列显示这些工作所涉及的人员。该矩阵规定了各种不同的职责，如只有一个人标有字母P，意味着必须有一个人负责这项工作并对其进程承担主要责任，保证其准时在预算内完成；承担管理职责（P）的人可以同时做一些执行工作（X）。在该项目的职责矩阵中，X/P的出现是很常见的。

　　职能部门的主要职责包括预制厂施工生产、安全管理和文明施工工作。安排预制厂人员日常工作，确保工作正常有序进行。认真履行项目部编制的施工进度计划，根据施工进度及时调整资源配置，确保构件预制工期要求。根据工程需要负责预制厂的施工协调，确保混凝土构件预制的数量及质量。随时掌握施工动态，及时发现和解决施工生产中出现的问题，如有难度，立即向上级或有关部门汇报。组织技术人员对本站的文件资料进行收集整理、归档和保存。及时按要求上报报表及各种资料。完成项目部交代的其他工作。

　　技术员协助技术负责人做好所辖技术交底。跟班作业，纠正施工中安全、质量、环保、工序、工艺和文明施工等方面存在的问题，发现重大质量隐患立即停工并报告上级。做好施工日志等相关技术资料的编写和收集整理。参加工程质量事故的调查分析。对重点工序的施工过程进行旁站。

　　质检员认真执行各级施工质量管理制度，实现本构件生产车间工程建设的施工质量目标。对作业人员经常进行质量教育培训。参与本工程开工前的施工准备，工程质量定期或不定期检查以及施工过程中的经常性检查。负责各混凝土构件和工序质量自检工作，自检合格后报监理工程师复检。积极预防构件生产过程中出现的质量问题，对出现的质量问题提出方案，立即解决，不留隐患。参与工程质量检查和检验。

　　安全员跟班作业进行施工安全巡视，发现不安全行为坚决制止，并做好巡查记录。协助项目经理或者技术负责人开展安全教育，接受专职质检员的业务检查与指导。负责车间安全器材、用具及设备的维修保养与标识。制止违章作业，参与相关安全事故的调查和分析。建立健全各类安全检查内业资料，按时上报工伤事故日报表等。

　　试验员在项目部实验室主任的领导下，认真执行有关指示和规章制度，按有关标准规程，认真完成各项试验检测工作。如实反映试验情况，认真填写原始试验记录，并在记录上签字，对检测数据负责，对该项检验工作质量负责。每批原材料进场后，按规程要求认真取样及时送检并做好监理见证工作。工作上必须服从厂长及技术干部提出的各项检测任务，做好现场各项试验工作，做到随叫随到。

　　材料员在掌握现场施工情况和用料情况下，及时调配钢筋和混凝土，确保施工生产需要。熟悉现场材料存放位置，深入施工现场，了解施工进度和用料情况。货到卸车后，及时清点数量，检查外观质量，收集质量证明书及合格证并上报物资部资料员，协助填写材料验收报告单。负责现场小型构件的标识工作，对小型构件的数量规格、出厂编号、进货日期和质检情况都要标识清楚。负责预制构件装卸调运中的安全工作，科学地组织安全施工，保证不出现安全事故。每月底协助项目部组织好现场预制构件管理的检查、评比工作。

7.2　全过程协同管理

　　车间全过程协同管理分为信息、人员、材料、设备、质量、进度、安全和环境管理八个部分（见图7-3），结合车间协同管理系统可以将生产车间的各种资源有效关联，实现各方有效沟通，实现信息协同。全过程协同管理通过将生产车间中的信息、人员、材料、设备等资源整合在协同管理系统中，利用网状信息和关联业务的协同环境将其紧密地联系在一起，从而能够使生产更加高效，也能够更加方便快捷地应对各类预制构件生产任务。其中信息管理作为全过程协同管理的核心，能够确保各方准确、有效、及时地获取信息，并对信息的读取、存储和交流提供保障。质量、进度、安全和环境管理可以通过目标内容、管理机构和制度等对人员、材料和设备进行控制，此外，各部分之间还具有反馈作用，通过反馈对出现偏差的环节进行纠偏、修正，直至达到预期目标。整个过程基于系统进行，确保生产过程中的信息快速传递和信息集成应用。

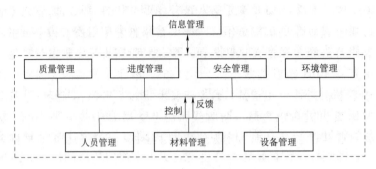

图 7-3　协同管理结构

　　车间在对预制构件生产全过程进行协同管理时，当协同管理体系中管理目标设定完成后，通过系统把任务信息同时下发给信息、人员、材料、设备、质量、管理、进度、安全和环境管理八个职能部门，不同职能部门根据下发信息各取所需，协同开展工作，避免出现人员相互等靠、材料与设备不能及时进场以及人员与设备无法协同工作等问题。为了保证生产效率与质量，协同管理体系将会从信息接收至系统初始，全程管控项目的进度，防止进度缓慢从而影响下一步工作流程，同时质量管理也将会与进度管理通过该体系进行协同工作，在控制进度的同时对生产质量进行实时监督。不断将生产过程与预期生产目标进行比对，若出现质量问题或半成品偏离预期生产目标，则通过系统及时反馈信息，对生产过程进行纠偏。在生产过程中，协同管理体系通过对进入生产车间的人员、材料、设备等进行管理，并结合安全管理与环境管理，从而对整个生产过程中所涉及的资源进行监控，确保生产目标实现。

7.2.1　信息管理

　　信息管理是指在建设工程项目实施的各个阶段，对所产生的、面向管理业务的信息进行收集、传递、加工、存储、维护和使用等信息规划和组织工作的总称。车间信息管理的目的就是要通过有效地信息规划和组织，使车间管理人员能及时、准确地获得进行生产规划、生产控制和管理决策所需的信息。信息管理的职能包括建立管理信息系统，确定组织成员之间的信息形式、信息流，收集工程过程中的各种信息并予以保存，起草各种文件，向现场管理人员发布图纸、指令，向业主、企业和其他相关各方提交各种报告。项目经理部是整个建设工程项目的信息中心，负责收集生产线车间实施情况的信息，对各种信息进行处理并向上级、外界提供各种信息。

　　预制构件生产车间项目经理部通过协同管理系统，形成在项目经理、现场负责人及技术负责人等之间的网状信息流通（见图 7-4），系统能够实时采集施工现场关键要素的数据和信息，并利用云计算等技术进行快速分析与处理，提高车间管理能力与决策水平，实现信息化施工、工作流程标准化和技术管理规范化，为生产车间的协同与智慧管理提供决策支持。

7.2.2　人员管理

人是建设工程项目的决策者、管理者和作业者，是管理的核心，从管理层到劳务层都直接影响预制构件生产的质量和效率。建设工程项目全过程包括项目的规划、决策、勘测、设计和施工，需要通过人员管理来实现，人的思想水平、文化水平、技术水平、管理能力、身体素质等，都直接或间接地对管理过程产生影响，而人员规

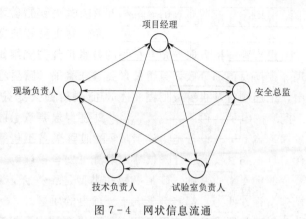

图 7-4　网状信息流通

划是否合理，决策是否正确，设计是否符合所需要的功能和使用价值，施工是否满足合同、规范、建设标准的要求等，对项目的全过程管理产生不同程度的影响。

预制构件生产车间人员管理主要包括人员培训、管理及评定等方面。基于视频监控系统、人脸考勤机及人员权限系统等实现车间人员分类管理，动态掌握车间作业人员情况，配合其他硬件实现系统远程联动管控。通过系统劳务实名制管理模块，动态采集工人进场信息，强化现场合法用工等。除了对人员进行工班管理和劳工考勤等，进场前生产车间对所有人员进行必要的培训，关键的岗位必须持有效的上岗证书才能上岗。构件生产车间在生产中既重视人员的管理工作，也同时重视人员的评定工作。生产车间对人员的管理及评定工作，以对项目的全体人员实施层层管理、层层评定的方式进行，使进驻现场的任何人员在任何时候均能保持最佳状态，确保生产和管理目标能顺利完成。

7.2.3　材料管理

材料管理主要内容包括材料进场管理、材料出场管理、材料使用管理、材料需求预测、材料计划编制、材料执行情况检查等，通过高效材料管理保证材料供应和节约使用。预制构件生产所需的材料种类多且数量大，对材料进行管理，保证材料按照计划供应，有序地保管、使用，对整个生产过程的计划、质量和成本管理有着重要作用。原材料的质量是预制构件质量的基础，若材料质量不符合要求，构件质量就难以达到标准，所以，加强对材料的质量管理是保证预制构件质量的基础。

预制构件生产车间通过与协同管理系统相结合，将原材消耗、原材库存及成品库存等数据通过 PLC 系统进行处理和分析，进行材料的管理。材料管理贯穿预制构件生产的全过程，主要包括：材料进场计划、材料台账的建立和管理、材料的检验和相关资料的收集、材料的验收保管发放和登记及现场材料管理总结等内容。其中，材料进场计划是进度计划能否得以实现的重要保证，构件生产车间根据设计文件、管理实施方案，通过系统对材料用量进行统计和对进度计划进行分析得出了材料进场的时间和空间设计。材料员通过平台对进场材料建立材料台账，材料台账的管理也贯穿于生产的全过程，通过平台可以使管理人员方便快捷地得到想要的数据。材料进入现场使用前进行取样检测是材料管理中质量控制重要组成部分，将材料试验报告与材料台账通过系统有机关联，便于材料的管理。

7.2.4 设备管理

设备管理指采取一系列相关的技术、经济和组织措施,对设备进行全过程的科学性管理,提高设备综合效率。机械设备主要包括工程设备、施工机械和各类施工工器具。其中,工程设备是指组成工程实体的工艺设备和各类机具,例如,各类生产设备、装置和辅助配套的电梯、通风、空调、消防、环保设备等,对设备的管理直接影响工程使用功能的发挥。施工机械设备是指施工过程中使用的各类机具设备,包括运输设备、吊装设备、操作工具、测量仪器、计量仪器以及施工安全设施等。施工机械设备是工程项目施工中不可缺少的重要物质基础,施工机械的类型是否符合工程施工的特点,性能是否先进和稳定,操作是否方便等,都将会影响工程项目的质量。

生产车间设备的使用期管理可以分为设备初期管理、中期管理和后期管理。设备的初期管理指设备自验收之日起、使用半年或一年时间内,对设备调整、使用、维护、状态监测、故障诊断,以及操作、维修人员培训教育、维修技术信息的收集、处理等全部管理工作,建立设备固定资产档案、技术档案和运行维护原始记录。设备的中期管理是设备过保修期后的管理工作。做好设备的中期管理,有利于提高设备的完好率和利用率,降低维护费用,得到较好的设备投资效果。设备的后期管理指设备的更新、改造和报废阶段的管理工作。对性能落后,不能满足生产需要,以及设备老化、故障不断,需要大量维修费用的设备,应进行改造更新。设备管理流程如图 7-5 所示。

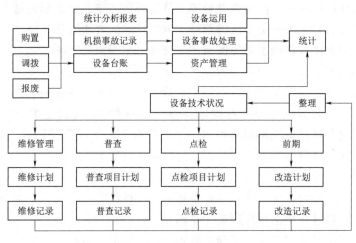

图 7-5 设备管理流程

根据预制构件生产流程,构件生产工序的搭接以机械化作业为主,采用人工配合的方法。构件生产过程中,各种智能化设备的数量、功能及新旧程度尽量满足需求。核心工序的施工用机器不仅功能先进,同时也准确有效。构件生产车间同时配置了必要的维修工具,在施工期间对各种仪器和设备进行合理的保养和维修,保证机械设备始终处于良好的技术状态。根据机械设备的性能用途和效率等,制定了完整的操作规程,研究机械设备的故障,磨损规律,根据设备的寿命周期和生产状况,确定维护保养制度及方式,制定检修计划,以求合理使用。运用先进的检测、维修手段和方法,减少磨损,延长机器的使用寿命周期。设备管理平台通过巡检管理模块进行现场管控，设备负责人将设备维护信息，包括文字、图片，定期上传至二维码信息库，监理可随时通过手机端查看维护记录，并记录设备违规使用情况。项目管理人员可以通过设备管理平台查看设备在场应用情况和违规使用情况。现场责任人对设备的日常管理工作通过管理系统进行设备的验收登记、保管、事故处理等，确保机械设备处于良好状态，满足施工生产及安全生产的需要，对生产车间施工机器进行智慧化的管理。

7.2.5 质量管理

质量管理主要目的是实现组织建立的质量方针和目标，质量策划、质量控制、质量保证和质量改进活动是质量管理的基础。质量管理体系的设置及运行均要围绕质量管理职责、质量控制来进行，当职责明确、控制严格时，才能使质量管理体系落到实处。预制构件生产车间质量管理采用计划（Plan）、监督检查（Monitoring）、报告偏差（Reporting Deviations）和采取纠偏行动（Corrective Action）循环，简称 PMRC 循环，如图 7-6 所示。PMRC 循环包括四个阶段：第一阶段为计划阶段，在这一阶段主要是制定质量目标、实施方案和活动计划；第二阶段是监督检查阶段，在按计划实施的过程中进行监督检查；第三阶段是报告偏差阶段，根据监督检查的结果，发出偏差信息；第四阶段为纠正行动阶段，检查纠正措施的落实情况及其效果，并进行信息的反馈。

构件生产车间对质量管理实行质量目标管理，进行目标分解，通过使用协同管理系统进行二维码追溯、视频监控等进行质量巡查和快速质检，从各部门到各施工班组，层层落实质量职责，明确质量责任。构件生产车间切实贯彻和实施国家、行业及地方等现行有效的施工规范及质量验收标准，严格遵守生产车间的质量方针，按照质量管理标准的规定进行操作，加强车间质量管理，规范各项质量管理工作。建立以项目经理为核心，以技术部门为主体，各专业部门配合的质量管理体系。通过项目质量管理体系协调运作，使生产构件质量处于可控状态。全方位管控构件生产全过程，严格把控每一个生产过程的质量，确保生产车间质量目标的实现。除质量监督部门和项目技术负责人对工程质量进行监督外，在生产的每个阶段，现场安排专职质检员跟班作业，通过质检员人工监控和各类视频监控设备，对生产车间生产构件质量进行目标管理和控制。

7.2.6 进度管理

进度管理是指采用科学的方法确定进度目标，编制进度计划和资源供

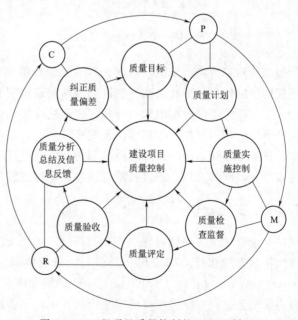

图 7-6 工程项目质量控制的 PMRC 循环

应计划，进行进度控制，在与质量、费用目标协调的基础上，实现工期目标。进度控制是指对工程项目建设各阶段的工作内容、工作程序、持续时间和衔接关系根据进度总目标及资源优化配置的原则编制计划并付诸实施，在进度计划实施过程中经常检查实际进度是否按计划要求进行，对出现的偏差情况进行分析，采取补救措施或调整、修改原计划后再付诸实施，如此不断循环，直至工程项目竣工验收交付使用。

预制构件生产过程中存在着许多影响进度的因素，这些因素有外在的也有内在的。因此，进度管理人员必须事先对影响构件生产进度的各种影响因素进行调查分析，分析它们对进度的影响程度，确定合理的进度控制目标，编制可行的进度计划，使得构件生产能够按照计划执行。进度管理过程如图 7-7 所示。在计划的实施中，可能会因为新情况的产生、各种干扰因素和风险因素的作用，使人们难以执行原定的进度计划。为此，进度管理人员需要采用动态控制原理和方法，在进度计划执行过程中检查构件生产实际进展情况，并将实际状况与计划安排进行对比，发现进度偏差。然后在分析偏差及其产生原因的基础上，通过采取组织、技术、经济、合同等措施进行纠偏。如果采取措施后不能按原进度计划执行，则需要考虑对原进度计划进行调整或修正，再按新的进度计划实施。通过对进度计划进行不断地检查和调整，确保进度得到有效控制。

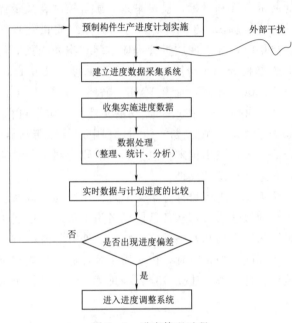

图 7-7　进度管理过程

基于协同管理系统对预制构件生产进度计划实行动态控制，及时、准确、快捷地实现对施工进度计划的调整和数据处理，进度信息的处理效率和透明度较高，能够快速预测和评估施工进度计划的完成情况。构件生产车间项目经理定期组织召开构件生产进度协调会，对进度计划和实际进度情况进行对比分析与研判。根据施工进度出现的特殊情况不定期召开施工进度专题会议，研究、部署施工进度专项计划措施，及时排除制约和影响进度的因素。同时注意对构件生产进度风险因素进行识别和分析，通过风险管理以减少进度管控风险。

7.2.7　安全管理

安全管理是为保证构件生产顺利进行，防止安全事故发生，确保安全生产而采取的各种对策、方针和行动的总称。目前安全管理体系主要采用健康、安全和环境（Health - Safety - Environment，HSE）三位一体的管理体系，如图 7-8 所示。健康是指车间人员身心状况良好；安全是指在劳动生产过程中，努力改善劳动条件、克服不安全因素，使劳动生产在保证劳动者健康、企业财产不受损失、人民生命安全的前提下顺利进行；环境是指与人类密切相关的、影响人类生活和生产活动的各种自然力量或作用的总称，包括各种自然因素的组合、人类与自然因素间相互形成的生态关系的组合。由于安全、环境与健康的管理在实际工作过程中有着密不可分的联系，因此把健康、安全和环境形成一个整体的管理体系。

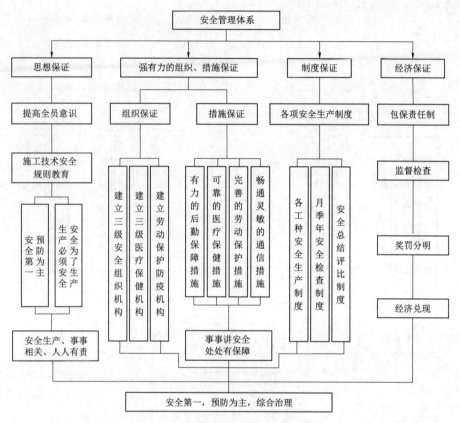

图 7－8　构件生产车间安全管理体系

构件生产车间以项目经理为安全管理责任人，负责对预制构件生产过程中出现的安全问题进行决策和管理，全面负责车间安全生产施工与环境保护管理工作。在此基础上成立由安全总监、技术负责人、专职安全员、工班长、施工作业层组成的纵向到底、横向到边的安全生产管理体系。此外，需要及时落实国家、上级有关安全生产方针、政策及规定的要求，结合构件生产实际情况制定安全管理规定办法等，定期组织研判生产车间安全生产中较大的隐患问题，开展安全生产分析，组织进行安全事故分析，明确责任，提出安全事故处理意见及预防事故再次重复发生措施。基于系统进行安全检查管理，构建生产车间文明施工管理严格按建设部安全生产、文明施工检查评分标准做好各项文明施工管理工作。

7.2.8　环境管理

构件生产车间认真贯彻落实国家有关环境保护的法律法规和规章及相关规定，做好车间及周边环境保护工作。积极开展尘、毒、噪声治理和除"四害"活动,合理排放废渣、污水。保护车间周边生活环境和生态环境,防止污染和其他公害,"以人为本",根据国家和地方相关的法律法规,构件生产车间组织项目部制定车间及周边环保措施,根据环境管理系列标准建立和保持管理体系,在充分识别环境因素的基础上,主动采取有效措施,实施"绿色生产"。环境管理体系如图 7-9 所示。

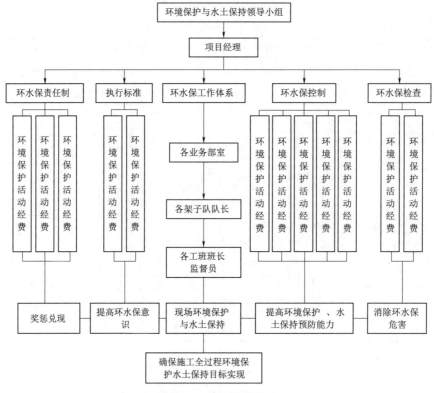

图 7-9　环境管理体系

车间在生产构件过程中需要遵守国家相关规定严格管控噪声,对工程机械和运输车辆安装消声器,加强设备日常维护与保养,将噪声降低到规定水平。生产过程中对混凝土搅拌、钢筋加工、构件制作等比较集中和固定的机械设备作业场地,轮流安排作业人员在高噪声区的作业时间,并给作业人员配备防噪声耳塞或其他防护用品,对距噪声源较近的人员,合理安排劳动时间。

7.3　本章小结

本章提出了预制构件生产协同管理体系,首先从管理机构、管理制度和管理职责三个方面对预制构件协同管理体系进行介绍。其次,从信息管理、人员管理、材料管理、设备管理、质量管理、进度管理、安全管理和环境管理八个方面实现构件生产车间的全过程协同管理。通过建立构件生产车间协同管理体系,实现对预制构件生产车间的信息化和智能化监督和管理,提高预制构件生产和管理的质量与效率。

第 8 章

结 论 与 展 望

8.1 主要结论

　　针对预制构件生产优化调度与协同管理关键问题，本书采用数字孪生等技术开展预制构件生产线总体设计与仿真建模、生产车间空间布局优化与仿真调度、生产线协同管理系统与协同管理体系研究，通过工程管理、信息科学和管理科学等多学科交叉，提升预制构件智能生产和协同管理效率，为智能建造提供一个很好的案例，具有重要意义和应用价值。本书主要结论如下：

　　(1) 基于生产线平衡理论，对预制构件自动化生产线整体运行流程和布局进行设计，对预制构件自动化加工、构件自动化转运、构件自动化回流和构件智能管控等关键技术进行分析。利用 BIM 和数字孪生等技术对构件生产线布局进行设计。基于 Plant Simulation 软件建立预制构件生产线基础仿真模型，经过多次调试和改进，最终建立通过可靠性验证且符合实际生产的仿真模型。通过分析模拟仿真结果找出瓶颈工位，并针对相应问题提出优化策略并合理组合优化策略，经过对优化前后仿真结果对比分析，验证优化的合理性。通过对生产线进行优化，提高了生产线平衡率。结果表明：优化后的模型减少了生产线的等待和阻塞时间，提高了生产效率，且生产线平衡率提高了 26.41%。

　　(2) 采用系统布置设计方法对预制构件生产车间空间布局进行设计，从定性与定量两个方面对其进行分析。采用 SLP 方法对生产线的动态物流关系和静态非物流关系分别进行分析，得出各作业单元之间的综合相关关系，得到两种可行的生产线布局初步方案。以物流强度最小化和综合关联度最大化为目标函数，采用遗传算法计算得到初步的优化方案，通过对其进行适当调整，形成最终的优化布局方案。结果表明：优化方案的物流强度降低了 50.92%，运输路线缩短了 16.17%，综合关联度提高了 3.17%，空间利用率提高了 37.32%，从而验证了该方案能够降低生产线物流强度，提高各作业单元间的密切程度。

（3）基于 Arena 软件建立预制构件生产车间布局模型，对预制构件生产车间布局方案进行仿真分析。利用实际生产数据进行拟合并将结果和布局数据输入至仿真模型中，进行对比分析得到优化布局模型。构建预制构件生产线排产问题优化目标函数，结合遗传算法计算得到最优排产序列，与优化前的结果进行对比分析。结果表明：优化方案的运输总时间比初始方案缩短 12.14%，总体等待时间减少 22.79%，实体加工总数增加 1.71%，生产线设备的利用率也均有提高。对预制构件生产线排产进行优化调度，建立总加工时间和加工成本最小化为优化目标函数，采用 GA 算法对构件排产顺序进行优化。结果表明：优化后的生产线设备总体负荷率提高 5.16%，降低设备空闲率并减少生产线阻塞时间，通过提高生产线的生产性能，最终缩短构件生产周期，减少生产成本。

（4）综合采用数字孪生、大数据和综合集成等技术设计并搭建了预制构件生产车间协同管理系统，从系统设计、系统关键技术、系统应用功能及效果评价四个方面进行论述。基于系统实现构件生产过程可视化，对生产线和车间进行监控，动态收集构件生产过程中数据，对车间布局进行优化调度，为构件生产线与车间提供协同管理服务，提高构件生产线和车间的管理效率和决策水平。建立了预制构件生产协同管理体系，通过有效地组织整合各种资源，从信息、人员、材料、设备、质量、进度、安全和环境管理八个方面对预制构件生产车间进行全过程协同管理，使构件生产过程、设备资源及作业内容协调运行，提升预制构件生产车间管理效率。

8.2　未来展望

本书根据预制构件生产实际情况设计了构件自动化生产线并建立了三维仿真模型，针对其生产不平衡问题进行优化，采用系统布置设计和遗传算法对预制构件生产车间进行布局优化设计，利用 Arena 软件对布局方案进行仿真评价，结合遗传算法对生产排产问题进行调度，搭建预制构件生产车间协同管理系统，提出了预制构件生产车间管理体系，提高预制构件生产和管理效率，为智能建造提供科学支撑，具有重要意义和应用价值。然而，由于预制构件生产存在的复杂性和诸多不确定性，影响构件生产和管理效率的因素较多，如何在动态变化中保障构件生产质量、提高构件生产效率，值得进一步深入探讨和研究。

参 考 文 献

［1］ 刘新怡. 基于数字孪生的预制构件自动化生产线协同管理研究［D］. 西安：西安理工大学，2023.

［2］ 郑文江，穆智蕊. 全球工程前沿发展新趋势［J］. 中国科技产业，2022（3）：56-58.

［3］ 陶飞，刘蔚然，刘检华，等. 数字孪生及其应用探索［J］. 计算机集成制造系统，2018，24（1）：1-18.

［4］ 郭亮，张煜. 数字孪生在制造中的应用进展综述［J］. 机械科学与技术，2020，39（4）：590-598.

［5］ 喻杉，黄艳，王学敏，等. 长江流域水工程智能调度平台建设探讨［J］. 人民长江，2022，53（2）：189-197.

［6］ 梁献超. EPC 模式下装配式建筑工程质量管理体系与策略［J］. 建筑经济，2020，41（11）：73-78.

［7］ 郭刚. 从建筑业"十四五"规划看行业未来发展［J］. 中国勘察设计，2022（4）：36-40.

［8］ 宋有权，杨燕华，程奎，等. 引江济淮工程安徽段生态岸坡防护结构形式综述［J］. 水运工程，2023（8）：70-76.

［9］ 别冠军，谢整齐，何兵兵，等. 预制装配式路面施工技术研究［J］. 住宅与房地产，2023（8）：73-77.

［10］ Braglia M，Zanon S，Zavanella L. Layout design in dynamic environments：Strategies and quantitative indices［J］. International Journal of Production Research，2003，41（5）：995-1016.

［11］ 潘婷. 基于 SLP-GA 的预制构件生产线空间布局优化研究［D］. 西安：西安理工大学，2022.

［12］ 王灵子，姜仁贵，朱记伟，等. 基于数字孪生的铁道工程预制构件生产线智慧管理系统研究［J］. 施工技术（中英文），2022，51（17）：29-33.

［13］ 于璇. 基于 Petri 网的 PC 构件自动化生产线的建模与仿真［D］. 石家庄：石家庄铁道大学，2014.

［14］ 陈循介. 美国建立世界第一个机床工业、制造业、工业化强国的主要经验［J］. 精密制造与自动化，2012（1）：1-2.

［15］ 张耀煌. 基于自动化生产线的 PC 板制备及其强度预测［D］. 沈阳：沈阳建筑大学，2016.

［16］ 纪颖波，姚福义，张祺，等. 装配式建筑设计采购施工总承包企业信息化经济效益计算模型［J］. 科技管理研究，2018，38（8）：231-237.

［17］ Wrobel I，Sidzina M. Design study for automatic production line of a sub-assemblies of new generation car body structures compliant with the "industry 4.0" concept［J］. Sensors，2021，21（7），2434.

［18］ Wei C. Intelligent manufacturing production line data monitoring system for industrial internet of things［J］. Computer Communications，2019（151）：31-41.

［19］ Tang F H，Zhu F H，Hu H R. The application design of an improved plc linked network communication in the production line［J］. Mobile Information Systems，2021，9788974.

［20］ 赵承芳. 基于 Petri 网的 PC 构件自动化立体养护设备的研究［D］. 石家庄：石家庄铁道大学，2013.

［21］ 韩彦军，赵承芳. 基于 ANSYS 的 PC 构件自动化养护堆垛机的设计［J］. 混凝土与水泥制品，2013（3）：70-72.

［22］ 冯建文. PC 构件生产线模具划线机自动编程系统研究［D］. 石家庄：石家庄铁道大学，2013.

［23］ 孙红，孙健，吴玉厚，等. 大型智能 PC 构件自动化生产线简介［J］. 混凝土与水泥制品，

2015 (3)：35 - 38.

[24] 路阳. PC 自动化技术在预制构件生产线中的应用 [J]. 电气传动，2015，45 (4)：69 - 72.

[25] 潘寒，黄熙萍，靳华中，等. 基于遗传算法的 PC 构件工厂排产研究 [J]. 土木建筑工程信息技术，2018，10 (6)：113 - 118.

[26] 陈浩. 基于多方案比选的 PC 构件生产流程优化与仿真研究 [D]. 武汉：湖北工业大学，2019.

[27] 吴家龙，许光华，李清松，等. 基于 PLC 控制的工业自动化生产线的设计 [J]. 制造技术与机床，2019 (5)：153 - 156.

[28] 杨兵，戴淑芬，葛泽慧. 技术创新与我国高端制造业结构优化升级的动态关系研究 [J]. 中国管理信息化，2019，22 (17)：150 - 156.

[29] 周良明，李维亮，丁国富，等. 离散型生产模式下框类零件柔性生产线设计与应用 [J]. 机床与液压，2020，48 (21)：45 - 50.

[30] 刘锦涛. 预制混凝土管片自动生产线及控制系统介绍 [J]. 混凝土与水泥制品，2020 (8)：81 - 82.

[31] 刘敏，王大维，张旭. 基于 SLP 方法的某支线客机尾锥生产线产能爬坡规划 [J]. 航空制造技术，2022，65 (3)：101 - 107.

[32] 王奕娇，孙小冬，刘雨雨. 基于 SLP 的生产运作与物流管理实验室布局优化设计 [J]. 实验室研究与探索，2017，36 (1)：254 - 258.

[33] 李伟，阳富强. 基于 SLP 的地铁施工场地安全布局优化方案 [J]. 中国安全科学学报，2019，29 (1)：161 - 166.

[34] 赵敬源，吕楠. 基于改进 SLP 法的物流园区布局 [J]. 长安大学学报（自然科学版），2020，40 (3)：100 - 108.

[35] 周小康，段亚林. 基于 SLP 与 SHA 的轻卡离合器工厂设施布局优化 [J]. 机械工程师，2018 (4)：86 - 88.

[36] 董舒豪，徐志刚，秦开仲，等. 基于 SLP 与 SHA 的农机车间布置优化及仿真研究 [J]. 现代制造工程，2020 (1)：50 - 57.

[37] 张永强，李星圆，赵尘. 基于 SLP 和 SHA 的林产品仓储布局优化 [J]. 林业工程学报，2021，6 (1)：171 - 177.

[38] 徐双燕，丁祥海，陶俐言. 多目标动态车间设施布局研究综述 [J]. 机械研究与应用，2012 (6)：40 - 45.

[39] Ficko M, Brezocnik M, Balic J. Designing the layout of single and multiple - rows flexible manufacturing system by genetic algorithms [J]. Journal of Materials Processing Technology, 2004, 157 - 158 (SPEC. ISS.)：150 - 158.

[40] Yang C L, Chuang S P, Hsu T S. A genetic algorithm for dynamic facility planning in job shop manufacturing [J]. International Journal Advanced Manufacturing Technology, 2011, 52 (1 - 4)：303 - 309.

[41] Giuseppe A, Giada L S, Mario E. A multi objective genetic algorithm for the facility layout problem based upon slicing structure encoding [J]. Expert Systems with Applications, 2012, 39 (12)：10352 - 10358.

[42] 叶慕静，周根贵. SLP 和遗传算法结合在工厂平面布置中的应用 [J]. 华东理工大学学报（自然科学版），2005 (3)：371 - 375.

[43] 龚全胜，李世其. 基于遗传算法的制造系统设备布局设计 [J]. 计算机工程与应用，2004 (26)：202 - 205.

[44] 李辉，黄国文，齐二石. 基于混合蚁群算法的动态设施规划系统研究 [J]. 管理工程学报，2014，28 (1)：110 - 118.

[45] Matai R. Solving multi objective facility layout problem by modified simulated annealing [J]. Ap-

plied Mathematics and Computation，2015（261）：302－311.

[46] 齐琳，姚俭，王心月．基于改进粒子群算法的电动汽车充电站布局优化［J］．公路交通科技，2017，34（6）：136－143.

[47] 王运龙，吴张盼，李楷，等．基于禁忌搜索算法的船舶舱室智能布局设计［J］．华中科技大学学报（自然科学版），2018，46（6）：49－53.

[48] 黄银娣，卞荣花，张骏．国内外物流系统仿真软件的应用研究［J］．工业工程与管理，2010，15（3）：124－128.

[49] 康留涛．基于数字化工厂的车间布局仿真与物流优化［D］．合肥：合肥工业大学，2012.

[50] 杨梅．基于混合算法的车间布局多目标优化及仿真研究［D］．长沙：湖南大学，2016.

[51] 黎法豪．基于SLP的厂区设施布局规划设计及仿真分析［D］．广州：华南理工大学，2016.

[52] 周康渠，张瑞娟，刘纪岸，等．SLP在摩托车企业厂房布局设计研究中的应用［J］．工业工程，2011，14（3）：101－105.

[53] 石鑫．基于SLP的生产设施规划［J］．机械设计与研究，2014，30（1）：68－71.

[54] 张梅，张广泰，张梦．基于熵权优化模型的SLP法在设施空间布局规划中的应用［J］．新疆大学学报（自然科学版），2020，37（1）：118－126.

[55] 邓兵，林光春．改进SLP和遗传算法结合的车间设备布局优化［J］．组合机床与自动化加工技术，2017（8）：148－151.

[56] 徐晓鸣，邓裕琪，吴绮萍．基于SLP和粒子群算法的车间布局优化研究［J］．机电工程技术，2020，49（2）：17－20.

[57] 黄冬梅．车间设备布局建模分析及基于eM－Plant的仿真优化［D］．武汉：华中科技大学，2012.

[58] 朱敏敏．基于BIM与VR技术装配式建筑与虚拟仿真技术的设计与实现［J］．工业建筑，2022，52（3）：265.

[59] De－Graft J O，Srinath P，Robert O K，et al. Digital twin application in the construction industry：A literature review［J］，Journal of Building Engineering，2021，40，102726.

[60] Reinhart G，Wünsch G. Economic application of virtual commissioning to mechatronic production systems［J］．Production Engineering，2007，1（4）：371－379.

[61] Fedorko G，Molnar V，Vasil M，et al. Application of the tecnomatix plant simulation program to modelling the handling of ocean containers using the agv system［J］．Naše More，2018，65（4）：230－236.

[62] Hofmann W，Langer S，Lang S，et al. Integrating virtual commissioning based on high level emulation into logistics education［J］．Procedia Engineering，2017（178）：24－32.

[63] Bansal V K. Use of GIS to consider spatial aspects in construction planning process［J］．International Journal of Construction Management，2020，20（3）：207－222.

[64] Didem G B，Miguel B H，Schooling J. Design and implementation of a smart infrastructure digital twin［J］．Automation in Construction，2022（136）：104171.

[65] 李小忠，高艳．面向柔性制造线的机器人上下料系统仿真设计［J］．制造技术与机床，2020（8）：63－67.

[66] 苏志刚，陈天彧，郝敬堂．机场视景仿真系统的设计与实现［J］．计算机工程与设计，2020，41（12）：3575－3579.

[67] 林利彬，张东波，秦昊，等．基于虚拟仿真技术的灌装生产线设计与仿真［J］．包装工程，2020，41（19）：196－202.

[68] 惠记庄，樊博涵，丁凯，等．基于虚拟现实的钢结构桥梁装配化施工仿真系统［J］．建筑科学与工程学报，2022，39（4）：108－116.

[69] 赵晏林，陈昱熹，刘春旭．基于JACK虚拟仿真技术的裁板锯人机功效优化［J］．林产工业，

2021，58（1）：27-32.

[70] 李乃峥，孙江宏，何雪萍，等. 基于虚拟仿真技术的悬膜中空玻璃装配生产线设计 [J]. 制造技术与机床，2022（5）：72-76.

[71] 冯李航，吴力帆，宋辉，等. 虚拟工厂规划仿真系统设计及其教学案例分析 [J]. 实验技术与管理，2023，40（1）：160-168.

[72] 郭东升，鲍劲松，史恭威，等. 基于数字孪生的航天结构件制造车间建模研究 [J]. 东华大学学报（自然科学版），2018，44（4）：578-585.

[73] 宋战平，史贵林，王军保，等. 隧道工程 BIM 技术标准化及信息集成化管理研究 [J]. 地下空间与工程学报，2021，17（2）：556-566.

[74] Wang T，Chen H M. Integration of building information modeling and project management in construction project life cycle [J]. Automation in Construction，2023，150：104832.

[75] Singh V，Gu N，Wang X Y. A theoretical framework of a BIM-based multi-disciplinary collaboration platform [J]. Automation in Construction，2011，20（2）：134-144.

[76] Li Z D，Xue F，Li X. An internet of things-enabled BIM platform for on-site assembly services in prefabricated construction [J]. Automation in Construction，2018，89（5）：146-161.

[77] Bortolini R，Formoso C T，Viana D D. Site logistics planning and control for engineer-to-order prefabricated building systems using BIM 4D modeling [J]. Automation in Construction，2019（98）：248-264.

[78] 李芳，魏武，訾冬毅. 基于 BIM 的三维协同设计管理平台研究 [J]. 工程建设与设计，2021（11）：115-118.

[79] 杨新，焦柯，鲁恒，等. 基于 BIM 的建筑正向协同设计平台模式研究 [J]. 土木建筑工程信息技术，2019，11（4）：28-32.

[80] 马少雄，李昌宁，徐宏，等. 基于 BIM 的铁路隧道工程施工协同管理平台研究 [J]. 铁道标准设计，2021，65（8）：113-117.

[81] 宋战平，史贵林，王军保，等. 基于 BIM 技术的隧道协同管理平台架构研究 [J]. 岩土工程学报，2018，40（S2）：117-121.

[82] 林树枝，施有志. 基于 BIM 技术的装配式建筑智慧建造 [J]. 建筑结构，2018，48（23）：118-122.

[83] Liu X Y，Jiang R G，Wei X K，et al. Dynamic monitoring system of prefabricated component production line based on Digital Twin [C]，2022 International Conference on Smart Transportation and City Engineering，2022，12460.

[84] 滕继东，朴永灿，黄大巍，等. 基于 Plant Simulation 的冲压车间数字化仿真平台研究 [J]. 制造业自动化，2021，43（2）：92-97.

[85] 邓啸尘，周宏，杨振，等. 基于 Plant Simulation 的船厂平直车间作业仿真与优化 [J]. 船舶工程，2020，42（3）：147-151.

[86] 钟康健，马超凡. 建筑信息模型＋数字化＋物联网技术引领下的智慧桥梁施工管理分析 [J]. 公路，2021，66（7）：203-208.

[87] 黄云笑. 基于生产线平衡的瓶颈改善研究 [J]. 内燃机与配件，2020（22）：178-179.

[88] 范林胜，邓建新，陈一辉，等. 基于仿真的某发动机混合生产线的均衡改进 [J]. 组合机床与自动化加工技术，2016（8）：118-123.

[89] 刘丹. 基于遗传算法的定制化高端地下装备关键生产瓶颈工序排程优化 [J]. 制造业自动化，2020，42（5）：151-156.

[90] 贾江鸣，郭丽兵，陈建能，等. 基于遗传算法的门板成型生产线平衡优化及其试验 [J]. 制造业自动化，2022，44（7）：102-106.

［91］ 陈书宏，肖超. Em - plant 在生产线前期规划中的应用 ［J］. 控制工程，2011，18 (5)：748 - 750.

［92］ 李军，顾晓波，姚飚. 基于虚拟仿真技术的船体分段制造计划管理研究 ［J］. 船舶工程，2020，42 (11)：16 - 20.

［93］ Prion S，Haerling K A. Making sense of methods and measurement：Pearson product - moment correlation coefficient ［J］. Clinical Simulation in Nursing，2014，10 (11)，587 - 588.

［94］ 黄亚星，袁秀志，于克勤，等. 基于 Plant Simulation 的发动机主轴智能锻造生产车间设计及仿真优化 ［J］. 锻压技术，2022，47 (7)：53 - 58.

［95］ 方赫，陆振东，宿彪，等. 基于 Plant Simulation 的冲压车间仿真优化 ［J］. 锻压技术，2020，45 (12)：85 - 89.

［96］ 肖海宁，秦德金，武星，等. 基于 Plant Simulation 的汽车内饰线运行参数优化方法研究 ［J］. 现代制造工程，2020 (8)：1 - 6.

［97］ 顾嘉，廖栋霞，熊根良，等. 装配生产线仿真与优化技术研究 ［J］. 机械设计与制造，2014 (5)：99 - 101.

［98］ Hasan H N，Sepideh F，Ghomi F，et al. Classification of facility layout problems：a review study ［J］. International Journal of Advanced Manufacturing Technology，2018，94 (1 - 4)：957 - 977.

［99］ 朱俊杰. 工业物流场景中的设施混合布局问题研究 ［D］. 合肥：合肥工业大学，2021.

［100］ 邹世伟. 车间柔性布局算法及三维仿真研究 ［D］. 武汉：武汉理工大学，2007.

［101］ 韩昉，刘利军，张鸿斌. 改进 SLP 算法的车间设施布局优化设计 ［J］. 机械设计与制造，2021 (3)：297 - 300.

［102］ 贺田龙，邵明国，白晓庆，等. 基于遗传算法的生产线多目标优化研究 ［J］. 制造技术与机床，2022 (11)：177 - 182.

［103］ 张波，徐黎明，黄志伟，等. 梯度策略的多目标 GANs 帕累托最优解算法 ［J］. 计算机工程与应用，2021，57 (9)：89 - 95.

［104］ Holland J H. Genetic algorithms and the optimal allocation of trials ［J］. SIAM Journal on Computing，1973，2 (2)：88 - 105.

［105］ 颜文祺. LF 公司刀具车间布局优化及仿真研究 ［D］. 马鞍山：安徽工业大学，2019.

［106］ 冯智莉，易国洪，李普山，等. 并行化遗传算法研究综述 ［J］. 计算机应用与软件，2018，35 (11)：1 - 7.

［107］ 黄淇，周其洪，张倩，等. 基于系统布置设计-遗传算法的纱线浸染生产线布局优化 ［J］. 纺织学报，2020，41 (3)：84 - 90.

［108］ 赵政鑫，范波，霍华，等. 基于混合 NSGA2 算法的生产调度优化 ［J］. 组合机床与自动化加工技术，2022 (11)：159 - 163.

［109］ 周原令，胡晓兵，江代渝，等. 基于改进 NSGA - II 的车间排产优化算法研究 ［J］. 计算机工程与应用，2021，57 (19)：274 - 281.

［110］ 凌宁，樊树海，任蒙蒙. 面向大规模定制的制造企业设施布局分析 ［J］. 机床与液压，2017，45 (23)：50 - 55.

［111］ 苗志鸿，杨明顺，王雪峰，等. 环网柜装配线平衡改善与优化研究 ［J］. 制造业自动化，2019，41 (5)：34 - 38.

［112］ 李伟，阳富强. 基于 SLP 的地铁施工场地安全布局优化方案 ［J］. 中国安全科学学报，2019，29 (1)：161 - 166.

［113］ Peron M，Fragapane G，Sgarbossa F，et al. Digital facility layout planning ［J］. Sustainability，2020，12 (8)，1 - 17.

［114］ 李芳，祁文军，孙文磊. 基于 SLP 和 VB 的模具企业生产物流信息系统布局设计 ［J］. 现代制造工程，2015 (4)：77 - 80.

[115] Richard Muther. 系统布置设计 [M]. 柳惠庆，周室屏，译. 北京：机械工业出版社，1973.

[116] 王东炜. 基于系统布置设计及智能算法的厨具生产车间设施布局优化 [D]. 银川：宁夏大学，2021.

[117] 王利，江丽鑫. 物流量统计量纲研究 [J]. 资源开发与市场，2011，27（9）：801-804.

[118] 赵敬源，吕楠. 基于改进 SLP 法的物流园区布局 [J]. 长安大学学报（自然科学版），2020，40（3）：100-108.

[119] 孙凯，刘祥. 基于蚁群-遗传混合算法的设备布局优化方法 [J]. 系统工程理论与实践，2019，39（10）：2581-2589.

[120] 聂荣年. SLP 布局方法在 F 公司的应用 [D]. 苏州：苏州大学，2016.

[121] 于俊甫，于珍，魏连兴. 基于遗传算法的一对一与多行设施布置设计 [J]. 现代制造工程，2019（8）：108-113.

[122] 王运龙，王晨，彭飞，等. 基于人机结合遗传算法的船舶管路三维布局优化设计 [J]. 中国造船，2015，56（1）：196-202.

[123] 王运龙，王晨，韩洋，等. 船舶管路智能布局优化设计 [J]. 上海交通大学学报，2015，49（4）：513-518.

[124] 孙纯坡. 基于遗传算法的 SLP 在工厂设施布局中的应用 [D]. 济南：山东大学，2013.

[125] 杨平，郑金华. 遗传选择算子的比较与研究 [J]. 计算机工程与应用，2007（15）：59-62.

[126] 张琛，詹志辉. 遗传算法选择策略比较 [J]. 计算机工程与设计，2009，30（23）：5471-5474.

[127] 张青雷，党文君，段建国，等. 基于自适应遗传算法的大型关重件车间布局优化 [J]. 机械设计与制造，2021（1）：236-239.

[128] 陈基滴. 基于高斯变异的生物地理学优化模型 [J]. 计算机仿真，2013，30（7）：292-295.

[129] 朱兴航. 基于 SLP 方法的铁路物流中心平面布局规划研究 [D]. 长春：吉林大学，2016.

[130] 黄银娣，卞荣花，张骏. 国内外物流系统仿真软件的应用研究 [J]. 工业工程与管理，2010，15（3）：124-128.

[131] 方勇，朱丹彤，武文杰，等. 基于 ARENA 的通航飞行服务流程仿真与优化 [J]. 系统管理学报，2018，27（6）：1205-1211.

[132] 宗学文，阮佳阳，李佳璞，等. 基于 ARENA 的叶轮快速铸造工艺生产线优化 [J]. 现代制造工程，2020（9）：145-148.

[133] Guneri A F, Seker S. The use of Arena simulation programming for decision making in a workshop study [J]. Computer Applications in Engineering Education，2008，16（1）：1-11.

[134] W. David Kelton. 仿真使用 Arena 软件 [M]. 周泓，译. 北京：机械工业出版社，1973.

[135] 赵彬，石苑玉，孙世帅. 装配式建筑基本工序标准工时制定方法研究 [J]. 工程管理学报，2018，32（3）：41-46.

[136] 孟英晨，李乃梁，栾本刚，等. 基础 IE 及仿真技术在手机装配线优化中的应用 [J]. 机械设计与制造，2017（6）：252-255.

[137] 梁露琴. 基于 Arena 的低速货车生产企业整车装配生产流程的优化 [D]. 南宁：广西大学，2017.

[138] 王运涛，刘钢，薛俊芳. 基于改进遗传算法的拆卸序列规划 [J]. 现代制造工程，2022（1）：137-142.

[139] 牟健慧，郭前建，高亮，等. 基于混合的多目标遗传算法的多目标流水车间逆调度问题求解方法 [J]. 机械工程学报，2016，52（22）：186-197.

[140] 郭华，刘婷婷，汪圆，等. 基于 Plant Simulation 仿真平台的车间作业排序优化设计 [J]. 现代制造工程，2016（2）：108-112.

[141] 张超勇，刘琼，邱浩波，等. 考虑加工成本和时间的柔性作业车间调度问题研究 [J]. 机械科学

与技术，2009，28（8）：1005-1011.

[142] 罗雄，钱谦，伏云发. 遗传算法解柔性作业车间调度问题应用综述 [J]. 计算机工程与应用，2019，55（23）：15-21.

[143] 杨帆，方成刚，洪荣晶，等. 改进遗传算法在车间调度问题中的应用 [J]. 南京工业大学学报（自然科学版），2021，43（4）：480-485.

[144] 王富强，杨妮，吴铎，等. 基于 Plant Simulation 平台的铝挤压生产线系统调度仿真实现 [J]. 重型机械，2022（3）：16-21.

[145] 曾艾婧，刘永姜，陈跃鹏，等. 基于数字孪生的物流配送调度优化 [J]. 科学技术与工程，2021，21（21）：9005-9011.

[146] 张南，张顺，刘利勋，等. 基于数字孪生的车间生产过程监控方法 [J]. 组合机床与自动化加工技术，2022（7）：156-159.

[147] 叶昱冬，高飞. 面向 MES 系统的基础数据模型研究 [J]. 机床与液压，2023，51（2）：112-119.

[148] 柳林燕，杜宏祥，汪惠芬，等. 车间生产过程数字孪生系统构建及应用 [J]. 计算机集成制造系统，2019，25（6）：1536-1545.

[149] 李立清，路海，李旭东. 基于协同管理的单件小批生产管理系统的实现 [J]. 制造业自动化，2011，33（17）：28-29.

[150] 王卉. 基于数据库技术的多式联合运输物流管理系统设计研究 [J]. 物流技术，2014，33（5）：422-424.

[151] 康文杰，王勇，俸皓. 云平台中 MySQL 数据库高可用性的设计与实现 [J]. 计算机工程与设计，2018，39（1）：296-301.

[152] 严相，王堂辉，伍相宇，等. 基于 Simulink 与 C 混合编程的插补算法可视化仿真技术研究 [J]. 机械设计与研究，2021，37（5）：143-147.

[153] 白留星，张文龙，王勇飞. 基于网络的三维可视化仿真技术研究与实现 [J]. 人民长江，2010，41（18）：79-82.

[154] 周成，孙恺庭，李江，等. 基于数字孪生的车间三维可视化监控系统 [J]. 计算机集成制造系统，2022，28（3）：758-768.